神奇的世界 SHENQI DE SHIJIE

植物的秘密生活

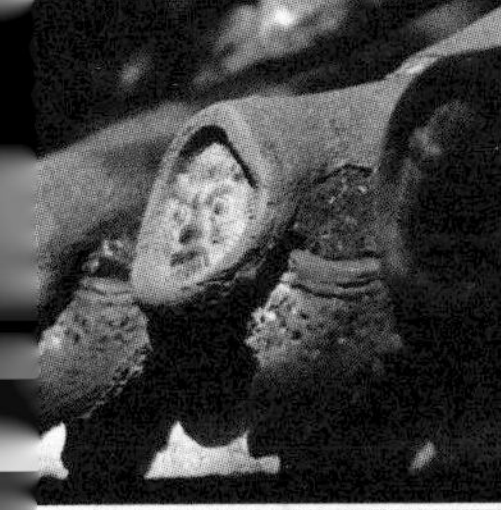

上海科学技术文献出版社
Shanghai Scientific and Technological Literature Press

图书在版编目(CIP)数据

植物的秘密生活/陈敦和主编. —上海:上海科学技术文献出版社,2019
(神奇的世界)
ISBN 978-7-5439-7899-7

Ⅰ.①植… Ⅱ.①陈… Ⅲ.①植物—普及读物
Ⅳ.①Q94-49

中国版本图书馆 CIP 数据核字(2019)第 081169 号

组稿编辑:张　树
责任编辑:王　珺

植物的秘密生活

陈敦和　主编

*

上海科学技术文献出版社出版发行
(上海市长乐路 746 号　邮政编码 200040)
全国新华书店经销
四川省南方印务有限公司印刷

*

开本 700×1000　1/16　印张 10　字数 200 000
2019 年 8 月第 1 版　2021 年 6 月第 2 次印刷
ISBN 978-7-5439-7899-7
定价:39.80 元
http://www.sstlp.com

前言

Preface

令人肃然起敬的植物世界，体现了古老而惊人的生命力。植物界随着地球的发展，由原始的生物不断地演化，大约经历了30多亿年的漫长历程，形成现在已知的50余万种植物。

地球上所有生物的生命活动所利用的能量均来自太阳的光能。绿色植物通过光合作用，把光能转化为化学能，储藏在光合作用的有机产物中。这些产物如糖类，在植物体内进一步同化为脂类、蛋白质等有机产物，为人类、动物及各种异养生物提供了生命活动所不可缺少的能源。人类日常利用的煤炭、石油、天然气等能源物质，也主要由历史上绿色植物的遗体经地质变迁形成。因此，地球上绿色植物在整个自然生命活动中所起的巨大作用是无可代替的。而植物覆盖着地球陆地表面的绝大部分，并且在海洋、湖泊、河流和池塘中也是如此。

植物不仅种类繁多，分布也很广。从热带到寒带以至两极地区，从平地到高山，从海洋到大陆，到处都分布着植物。它们的大小、形态、结构千差万别、多种多样。

植物在自然界生物圈中的各种大大小小的生态系统中几乎都是唯一的初级生产者。植物和人类的关系极为密切，它是人类和其他生物赖以生存的基础，同时又能起到美化环境、食用保健的作用。

《植物的秘密生活》一书包括了各种植物的怪异行为、植物家族里最珍贵的种类、小花小草的秘密等知识，每一章附有知识链接，帮助青少年进一步拓展阅读，启发青少年对植物探究和了解的乐趣，有助于青少年更好地认识大自然和关爱大自然。

目录 Contents

Ch1 1 探寻植物的世界

Ch2 29 植物的怪异行为之谜

Ch3 55 植物是如何生存的

Ch4 81 植物家族中的奇珍异宝

Ch5 101 五彩的花朵

目录 Contents

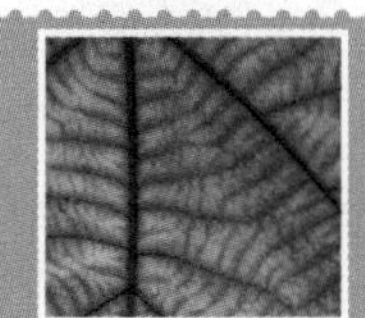

Ch6 125 奇妙的小草

Ch7 139 植物与我们的生活

神奇的世界

第一章

探寻植物的世界

地球上所有生物的生命活动所利用的能量均来自太阳的光能。绿色植物通过光合作用，把光能转变为化学能储藏在光合作用的有机产物中。这些产物如糖类，在植物体内进一步同化为脂类、蛋白质等有机产物，为人类、动物及各种异养生物提供了生命活动所不可缺少的能源。人类日常利用的煤炭、石油、天然气等能源物质，也主要由绿色植物的遗体经地质变迁形成。因此，地球上绿色植物在整个自然生命活动中所起的巨大作用是无可代替的。

从神农尝百草说起

古人识别植物的本领，在药用植物的开发利用上表现尤为突出。在中国古代的300多部本草著作中，记载了大量的药用植物，其中不仅有药效和使用方法的描述，也介绍了不少如何认识这些植物的知识。

神农一日而遇七十毒

中国自古广为流传的神农尝百草的故事，就反映了人类认识植物的艰辛历程。相传中华民族的祖先之一炎帝神农氏，为了找寻对人民有用的植物，踏遍了华夏大地的山林原野，遍尝百草，即使中毒也在所不惜，以致“一日而遇七十毒”。

古人在实践中认识植物

在长期的实践中，古人认识了许多有用的植物，并能根据这些植物的特点和自己的需要加以利用。例如：楠木是一种曾在中国南方山林中广为分布的优良用材树，其最大特点是木材芳香、耐腐力极强。1978年，在福建武夷山的洞墓中取下了一具完整的楠木“船棺”，据测定，它是大约3400年前的遗物。

无独有偶，20世纪80年代在四川省什邡县发现了一处2000多年前古老的蜀人船棺葬群，至今仍然完好不朽。由此可见，古人早在两三千年前就认识了楠木长年不朽的特点，并能准确地在树木种类繁多的亚热带山林中将它们识别出来并加以利用。

拓展阅读

人类自诞生之日起就与植物结下了不解之缘，不仅吃植物、用植物，而且崇拜植物、观赏植物、歌颂植物。因此，我们需要准确地认识和区别一些常见的植物。在古代，由于缺少科学的方法和手段，人类认识植物只能凭着肉眼观察，甚至冒险去直接品尝，以此来寻找和识别有用植物。

植物学家对植物界的贡献

18世纪的瑞典博物学家林奈，被世界公认为“现代分类学鼻祖”。他首次将生物分成动物界和植物界，并根据雄蕊的情况将植物界分成24个纲，其中1～23纲是显花植物，第24纲是隐花植物。

伟大的英国生物学家达尔文的《物种起源》一书于1859年出版后，生物学家们开始遵循生物进化论的思想，寻求一种能反映生物发展演化规律的自然分类系统。他们借助于先进的科学工具和技术，更加深入、全面地观察和研究自然界中形形色色的物种，找出它们之间的亲缘关系，并根据这一关系的远近划分不同的生物类群，力图恢复“生命之树”的本来面貌。

↓植物的生长发育

你知道这些古代植物学专著吗

我国有关动植物知识的文献，浩如烟海。《植物名实图考》是中国古代一部科学价值比较高的植物学专著或药用植物志，也是最早、最大的区域性植物志。

《南方草木状》是我国现存最早的地方植物志。《花果卉木全芳备祖》则是我国乃至世界上最古老的一部系统的植物词典。

中国古代植物学专著

《植物名实图考》是我国19世纪重要的植物学著作，由清朝吴其睿(河南省固始县人)所撰。在编撰《植物名实图考》之前，吴其睿先完成了《植物名实图考长编》，该书共有22卷，收录植物838种。分谷类、蔬类、草类、果类、木类等11类。

《植物名实图考》共38卷，收录植物1714种，共分12类。其中大部分的植物都是根据作者亲自观察所得，详细记载形色、性味、产地、用途等，并绘附精图。对于植物的药用价值以及同物异名或同名异物的考订更是详细，至今对研究我国植物种、属及其固有名称仍有重要参考价值。

它在植物学史上的地位，早已为古今中外学者所公认。而其在国际上享有很高的声誉，为世界植物学的发展做出了一定的贡献。《植物名实图考》一书的内容十分丰富，不仅有珍贵的植物学知识，而且为医药、农林以及园艺等方面也提供了可贵的史料，值得科学家参考。

拓展阅读

明代李时珍的《本草纲目》是我国植物学与药物学的一颗璀璨明珠。全书共52卷，约190万字。分为16部62类，收录药物1892种，药方11096条，附图1092幅。李时珍的这种植物分类方法在世界上是独一无二的，它甚至比西方植物分类学创始人林奈提出的植物分类法还要早175年，而且内容也更为丰富。

最早的植物学著作

《南方草木状》是我国现存最早的地方植物志，为晋代嵇含所撰。公元304年问世。共上、中、下三卷，分草、木、果、竹四大类。书中记载了广东、广西及越南的植物总共80种。其中上卷记载草类植物29种，中卷记载木类植物28种，下卷记载果类植物17种以及竹类6种。该书是研究我国古代植物的重要资料。

最早的植物学辞典

《花果卉木全芳备祖》是我国乃至世界上最古老的一部系统的植物词典。为南宋学者陈景沂所编纂，成书于1256年。全书共58卷，分为果、花卉、草木、农桑、蔬菜和药物等部分。这部书出版后，其他原本都已散失。现存唯一的原本保存在日本宫内厅书陵部。1979年10月，日本宫内厅把这本书的影印件赠送给我国。

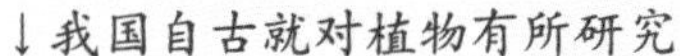
↓我国自古就对植物有所研究

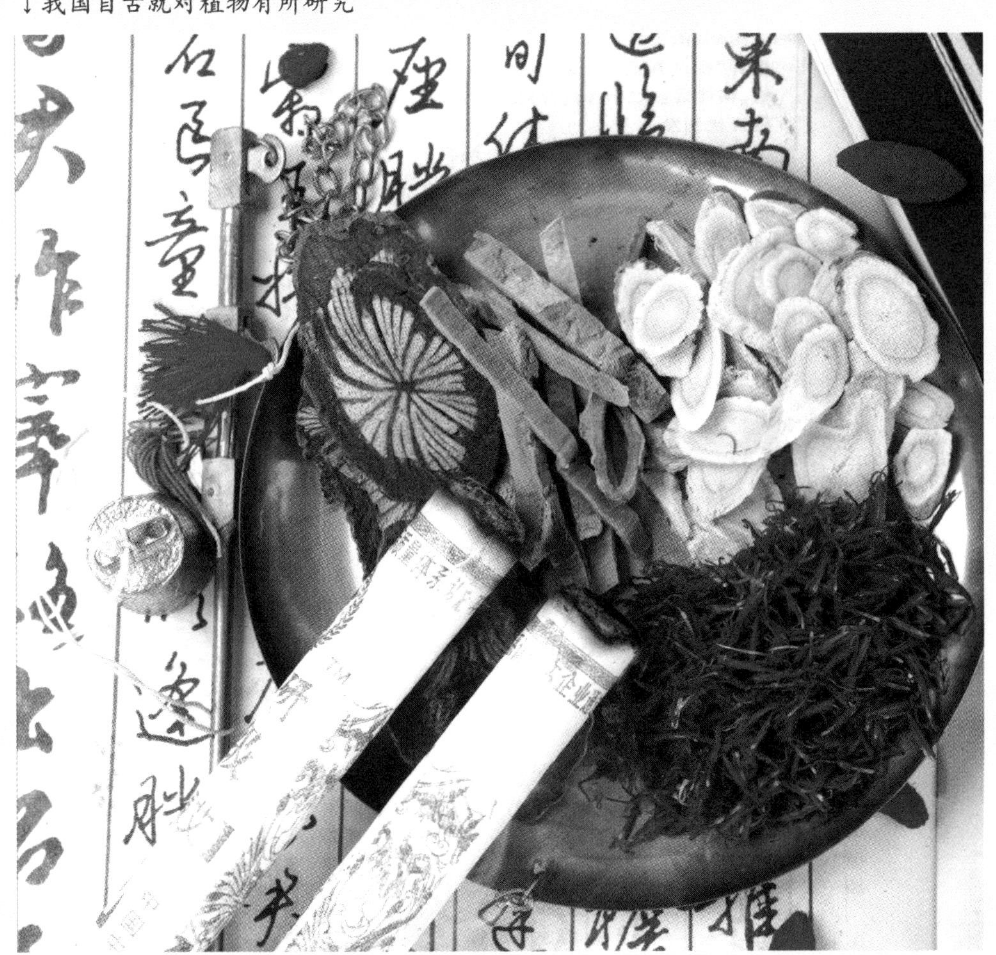

植物也有“身份证”

每种植物在不同国家，甚至同一国家不同地区往往有不同名称。一般将同一国家或同一语言范围内广为知晓的名称称为俗名；仅在国内某一地区或更小范围内知晓的称为土名。如马铃薯（中国）、Potato（英、美）是同一植物不同地区的俗名；而洋山芋（南京）、洋芋（陕西、甘肃等）、山药蛋（内蒙古）等称谓为土名。当然，在俗名与土名之间有时也无严格界限，如土豆。这是“同物异名”的例子。“同名异物”的现象也很多，如叫“白头翁”的植物多达16种，叫“拉拉秧”的植物也有10余种。

植物学名的出现

“同物异名”和“同名异物”的现象给植物分类研究和利用，特别是国内或国际间的学术交流带来了很多不便。为了避免混乱和便于研究，有必要给每一种植物确定一个全世界统一使用的科学名称，即学名。

根据植物的形态命名

人们给植物取名时，往往是依据它的某些特征。

喇叭花因为形似喇叭而得名。

中药材佛手，由于长得像佛手而得名。

桐珙开花时，两片白色的苞片好似飞翔的和平鸽，所以这种树又叫鸽子树。

根据颜色差异命名

大自然的植物五颜六色，缤纷多彩。植物各部分的颜色差异也成了命名的依据之一。

菊科的墨旱莲，它的茎折断时，“伤口”会流出墨黑色的汁液。

中药材紫苏，因为叶背面呈紫色故取其名。

根据味道不同命名

植物由于所含成分不同而呈现出酸、甜、苦、辣，或香、臭等味道。

取名时也以此为依据。

鱼腥草，因为叶片具有鱼腥气，故名。

中药材甘草，甘草中的“甘”，就是甜的意思，甘草因其味甘甜而得名。

根据植物产地取名

如果你平时留心观察，就能发现很多植物是根据产地取名的。如我们熟悉的莲，由于产地不同有建莲、湘莲、赣莲等。

根据花、鸟特征命名的植物

有些花草名称和禽鸟有关。

鸡冠花，因为花穗像极了鸡冠而得名。

老鹤草，它的形态就像鹤嘴的“长喙”，因而得名。

杜鹃花，据《南越笔记》里记载：“杜鹃花以杜鹃啼时开，故名。”就是说当杜鹃开始鸣叫了，杜鹃花也开花了。

根据生长季节、纪念意义命名

植物的命名还有根据生长季节来取名的。如夏枯草、秋葵、半夏、腊梅；有用数字取名，如一叶兰、二色补血草、三棱箭、四季海棠、五色梅、六月雪、七叶一枝花、八月柞、九里香、十大功劳等；还有些植物名称则是有纪念意义的，如观光木就是为纪念我国植物学家钟观光先生而得名的。何首乌、徐长卿、刘寄奴等则是因为纪念发现这些植物药用价值的人而得名的。

根据美丽的民间传说

有些植物的名字还包含着美丽的民间传说。罂粟科植物丽春花，民间叫虞美人。传说在秦朝末年，楚汉相争，楚霸王项羽遭到汉军围攻。项羽的妻子虞姬看到四面都是汉军，为了减轻项羽作战时对她的担心，便抽出项羽腰间的宝剑自刎，倒在了项羽脚下。后来项羽战败，也用同一把宝剑自杀了。后来，在项羽和虞姬的墓地四周开满了丽春花，美如虞姬的容貌。人们将它称为虞美人。

拓展阅读

以上我们所说的这些有趣的植物名称，都是以汉语为例说明的。从严格意义来说，并不算是植物学名。“植物学名”是1867年，瑞典博物学家林奈（1753年）创立的“双名法”。国际植物学会规定，各种植物的名称必须用拉丁语或拉丁化了的词进行命名。后经多次国际植物学会议讨论，最终修订出了必须共同遵守的国际植物命名法规。

蓝藻是植物的始祖吗

在地球和生物界的发展和进化初期，地球是一个没有生命的世界，地球的大气中，也没有游离氧。地球上最早出现的原始生命，是只能从有机物分解中获取能量的化能营养生物。直至出现了蓝藻，有了能进行光合作用的色素，才能利用光能制造有机物，并释放氧气，使大气中氧浓度增加，在高空中逐渐形成臭氧层，阻挡太阳紫外线的直接辐射，改变了地球的整个生态环境。

氧气的出现

在5亿年前，地球大气中的氧达到现在的10%时，植物才有了更大的发展。以后大气中的氧含量逐步增加到现有水平。因此可以说没有氧气，就没有生物界，也没有人类。由此可见，绿色植物在地球上的出现，不仅推动了地球的发展，也推动了生物界的发展，而整个动物界都是直接或间接依靠植物界才获得生存和发展。

合成与分解循环更替

地球上最早出现的异养型原核生物细菌，经过不断地分化和发展，终于又出现了能够进行光合作用，从无机物合成有机养料的自养型原核生物蓝藻。蓝藻和细菌作为早期生物界的合成者和分解者，组成物质循环的两个基本环节，形成了一个完整的生态系统。从异养到自养是早期生物演化的另一次重大的飞跃。

蓝藻——绿色植物的祖先

地球上最早的绿色植物是什么呢？地质学者说是蓝藻。在南非的古沉积岩中，人们发现一种蓝藻类化石，距今已有34亿年的历史。古代的蓝藻和现在的蓝球藻模样较为相似。这说明至少在那个时候，地球已经开始了生命的孕育。

蓝藻的出现，是植物进化史上的巨大飞跃。如果没有蓝藻的出现，我们生活的地球也不可能像现在这样色彩丰富，百花盛开，万木争荣。这是因为蓝藻所含有的叶绿素，能制造养分并进行独立繁殖。而地球上所有的生物，都是由这些低等藻类经过几亿甚至几十亿年的进化发展而来。

蓝藻——生命力顽强的魔术师

在自然界里，蓝藻的分布很广，是繁殖力很强的水生植物。在淡水、海水、岩石、植物体，甚至是在冰天雪地中都有它们的踪迹。蓝藻还是最耐高温的藻类植物。有一种蓝藻能在水温达89℃的温泉水中正常生长和繁殖。据说是因为这种蓝藻细胞内的物质凝固点都高于89℃以上。

拓展阅读

蓝藻是最早出现的放氧生物，它的出现使地球上原始大气中的氧气浓度不断增加，形成含氧大气层。在高空出现的臭氧层，吸收了太阳的紫外辐射，改变了整个生态环境，为喜欢氧气的生物提供了有利的生活环境。于是生物便由厌氧转为喜氧，提高了能量代谢的效能。

在加拿大的甘弗林组中，发现了完好的距今约20亿年的细菌和蓝藻化石。现已发现距今约13亿年的原核蓝藻和真核绿藻。绿藻还发现于距今约10亿年的澳大利亚的苦泉组。可见，绿藻是最早具有真核的生物。

1881年，有个水手在格陵兰岛海岸看到一片积雪在几小时里就变成了猩红点点的雪，原来这是蓝藻要的把戏。蓝藻里的红色素能随光线条件的不同而发生从红到紫的美丽变幻。

红海就是被含有大量红色素的红颤藻“染”红了海水。

英国的一个古战场上，有一座纪念阵亡将士的纪念碑。每逢阴雨天气，碑石周围常常泛出殷红的“血迹”，这正是附近地面上的蓝藻开的玩笑。

蓝藻与现代生活的关系

蓝藻的种类很多，约有2000种，其中具固氮能力的有100多种。固氮蓝藻能够利用空气中的游离氮素，合成氮素化合物并不断地释放出来。它在死亡分解以后，释放出的氮素化合物就更多了。

如果把固氮蓝藻放在稻田里大量繁殖，通过它们的固氮作用，就能将水稻不能利用的空中氮气变成能利用的氮肥。这就等于在稻田里安装了一座小型的“天然氮肥厂”。

中国科学院水生生物研究所在稻田中繁殖固氮蓝藻中的“固氮鱼腥藻”，获得了水稻增产24%的效果。由于蓝藻从空气中获得的肥料是取之不尽、用之不竭的，所以人们把这种“固氮鱼腥藻”命名为“万年肥”。

地衣是植物界的开路先锋

在粗糙的树皮和裸露的岩石上，常常可以看到灰绿、橙黄等多种颜色的片片斑痕，这就是地衣。

植物界的特殊成员

地衣是植物界中很特殊的一类植物，是一种藻类和真菌共生的结合体。共生的藻类主要是蓝藻和绿藻，共生的真菌大多数是子囊菌类，少数是担子菌类。共生的菌类有一定的种类，和普通的不同，叫做地衣型真菌。共生的藻类很少，如共球藻在地衣体以外，还没有单独被发现过。

植物界的开路先锋

地衣没有根、茎、叶等器官，菌类和藻类的这种密切结合，使地衣适应环境的能力特别强。地衣特别耐旱，在干燥环境中，地衣会变得很干，可是一遇到潮湿的空气，就又能恢复生长。有的地衣能忍受60℃的高温，有的地衣能忍受零下50℃的严寒。因此，从南北两极到赤道，从高山到平地，从森林到荒漠，甚至在其他植物不能生活的陆地环境中，常常可以发现地衣。人们称它为“植物界的开路先锋”。

长相独特的地衣

根据外部形态，地衣可以分成三类：牢固附着在岩石、树皮上的壳状地衣；容易从岩石、树皮上剥离下来的叶状地衣；具有分枝的枝状地衣。地衣的构造很奇特。它的体内除了纵横交错、有密有疏的无色的真菌菌丝以外，中间是藻层，由单细胞藻类组成。还有从下层伸出成束的菌丝，叫做假根。它使地衣能固着在岩石、树皮上。

地衣生长缓慢，几十年才增大几厘米。在生长过程中，地衣还会

分泌出一种酸性化学物质，叫做地衣酸，能分解所附着的岩石。日积月累下来，被分解的岩石，加上风化，逐渐形成土壤，为其他植物提供生长条件。

地衣与藻类和菌类的相互共生

地衣是藻类和菌类相依为命的共生体。它们相互帮助、共同生长。共生的藻类含有叶绿素，能进行光合作用，为整个地衣体制造养分；真菌则吸收外界的水分和无机盐提供给藻类，使藻体保持一定的湿度和得到光合作用所需的原料。在这种共生关系中，真菌的依赖性大，它从藻类吸取制成的养料来生活，如果把地衣体的真菌和藻类分开来各自单独地培养，结果往往是真菌死亡而藻类依然能够生长。

地衣的广泛用途

地衣用途很广。地衣中的石蕊，丛生在北极苔原的岩石表面或冰雪中，是寒带动物驯鹿的重要饲料，因此又叫它“驯鹿苔”。地衣还能制成各种染料和化学上的指示剂。如试验酸碱性的石蕊试纸就是地衣制品。此外，从地衣中还可以提炼芳精油。

我国和日本有一种珍贵的食品——石耳，就是生长在悬崖绝壁上的一种地衣。不同种类的地衣在世界各国还是土产食品的原料。如冰岛人把地衣粉加在面包、粥或牛奶中吃，法国用地衣制造巧克力糖和粉粒，有的国家还用地衣制酒。我国很早就用石蕊、石耳等地衣做药材。《本草纲目》中说，石蕊又名云茶，这是因为它状如花蕊、其味如茶的缘故，有生津润喉、解热化痰的功效。近年来，各国陆续从地衣中发现有抗菌素和抗癌化学物质。

知/识/链/接

地衣中富含的铜，是人体健康不可或缺的微量营养素。同时还富含镁，有助于调节人体心脏活动、神经肌肉活动等。

苔藓是植物王国的拓荒者

在植物界里，苔藓植物同地衣、蓝藻一起被称为“拓荒者”。如果没有这些“拓荒者”，地球上裸露的砂地、荒漠和岩层等，将永远是不毛之地。苔藓就仿佛是大自然的一张张绿茵茵的地毯和壁毯。

原始的高等植物——苔藓

苔藓植物是高等植物中唯一没有维管束的一类，所以植物体都很矮小，一般不超过10厘米。根据植物体的结构可分为苔类和藓类。苔类包括角苔、地钱和叶苔，是苔藓植物中比较低级的种类，一般没有茎、叶和输导组织的分化，形态简单，只有扁平的叶状体。藓类比苔类高级，包括泥炭藓、大金发藓等，植物体已有茎、叶的分化，但没有真正的根，只有毛发状的假根伸入土中，以固定植株、吸收水分与溶解于水中的无机盐。

“与众不同”的苔藓

植物界从苔藓植物开始才有胚的构造，而且胚受到母体的保护，这是苔藓植物的一个重要特征。另外，苔藓植物一般具有茎和叶，所以苔藓植物属于高等植物。与此相反，藻类植物、菌类植物和地衣植物在生殖过程中不出现胚，没有茎和叶，所以属于低等植物。苔藓植物的细胞内含有叶绿体，能进行光合作用，独立生活。苔藓植物吸水和保水的能力都很强，受精离不开水，适于生活在阴湿的环境里。

植物界勤劳的“拓荒者”

苔藓植物分布在世界各地，约2.3万种。我国已知的约有2800种。少数生长在比较干燥的岩石上，多数生长在阴湿的环境中，如森林下的土壤表面、树干和树枝上、沼泽和溪边、墙脚湿地以及多云雾的山地。森林是最适合苔藓植物繁茂生长的场所，越是植物密生的地方，越能有效防止水土流失。但苔藓过于繁茂，积层过厚，对树种的萌发和林木的更新也会造成阻碍。所以，花草园艺上常利用苔藓植物作为包装运送苗木、块茎以及播种后的覆盖材料。

“拓荒者”是如何开展工作的

那么，这些古老的“拓荒者”是怎样开始一步步装扮我们的地球呢？由于这些植物能分泌出一种逐渐溶解岩石面的酸性物质，加上这些植物在枯死后分解出的有机质等，长年累月便逐渐形成一层土壤，为后来的植物提供了生长条件。

在“开拓”沼泽方面，由于苔藓植物生长速度快，吸水能力强，往往能把沼泽地里的积水吸干，其死后的遗体又能填平低地，并且不断地向沼泽中心扩展，不断引导着草本、木本植物到此安家。这样，经过日积月累的开拓，它们终于为大地织好了“绿衣”。

拓展阅读

苔藓植物中已有50多种被用作药物。例如具有清热、补虚、通便功效的土马棕，有治水火烫伤功效的大羽藓，有镇静、壮阳功效的回心草，有治冠心病的暖地大叶藓等。

↓苔藓能防止水土流失

植物是怎么变成煤炭的

开滦、阳泉等煤田，是在古生代的石炭纪至二叠纪时期形成的。这个时期的成煤植物是古代的蕨类植物。大同的武宁煤田，是在中生代的侏罗纪形成的，这个时期的成煤植物有古代的苏铁、松柏类、银杏类等裸子植物。抚顺和云南的小龙潭煤田，是在新生代的第三纪形成的，这个时期的成煤植物是古代裸子植物中的松柏类和原始的被子植物。

煤是怎么形成的

在地质历史上，沼泽森林覆盖了大片土地，包括菌类、蕨类、灌木、乔木等植物。但在不同时代海平面常有变化。当水面升高时，植物因被淹而死亡。如果这些死亡的植物被沉积物覆盖而不透氧气，植物就不会被完全分解，而是在地下形成有机地层。随着海平面的升降，会产生多层有机地层。经过漫长的地质作用，在温度增高、压力变大的环境中，这一有机层最后会转变为煤层。因深度和埋藏时间的差异，形成的煤也不尽相同。

煤——古代植物的“遗体”

煤是古代植物遗体的堆积层埋在地下后，经过长时期的地质作用而形成的。据研究，几乎所有的植物遗体，只要具备了成

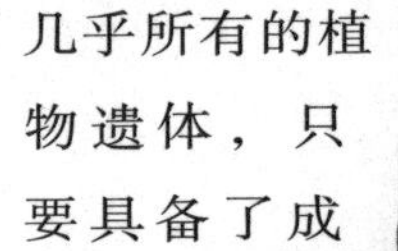

植物的遗体形成煤炭→

煤的条件，都可以转化成煤。不过，低等植物遗体所形成的煤，分布范围小，厚度薄，很少被人利用。那些分布广、规模大、利用广泛的煤，都是由高等植物的遗体（主要是古代的蕨类、松柏类以及一些被子植物的遗体）形成的。

煤形成的最佳时期

在地球的历史上，最有利于成煤的地质年代主要是晚古生代的石炭纪、二叠纪，中生代的侏罗纪以及新生代的第三纪。这是因为，在这几个时期内，地球上的气候非常温暖潮湿，地球表面到处长满了高大的绿色植物，尤其在湖沼、盆地等低洼地带和有水的环境里，古代蕨类植物生长得特别茂盛。

自然界是自造煤炭的“实验室”

在当时的地球，只要是高大的树木倒下后，基本上都会被水淹没。这就直接导致了木和氧隔绝的情况。在缺氧的环境里，植物体不会很快地分解、腐烂，随着倒下树木数量的不断增加，才能最终形成植物遗体的堆积层。而这些古代植物遗体的堆积层在微生物的作用下，不断地被分解、组合，渐渐形成了泥炭层，这是形成煤的第一步。

后来，由于地壳运动，泥炭层随之下沉。在下沉过程中，逐渐被泥沙、岩石等沉积物覆盖。这时，泥炭层一方面受到上面覆盖物沉重的压力；另一方面，也是更重要的因素，泥炭层又受到地热的作用。在这样的条件下，泥炭层开始进一步发生变化：先是脱水，被压紧，从而比重加大，且石炭的含量逐渐增加，氧的含量逐渐减少，腐蚀性物质的含量逐渐降低。艰难地经历了这几个过程以后，泥炭终于变成了褐煤。

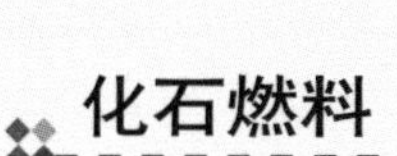

化石燃料

生活中经常使用的燃料有煤、石油和天然气，我们常称它们为化石燃料，因为它们都是由古代生物的遗骸经一系列复杂变化而形成的。化石燃料是不可再生能源，因此人类应该考虑如何合理地利用它。

拓展阅读

褐煤形成后，如果继续不断地受到高温和压力的作用，就会引起内部分子结构、物理性质和化学性质的进一步变化，褐煤就逐渐变成了烟煤或无烟煤了。

你知道植物是怎样进化的吗

随着地球上自然地理环境的变迁，植物界自身在不断的矛盾中运动和发展着。一些地质时期中占支配地位的类型，其优势在发展过程中被较为进化的另一类植物所取代，这时植物界就发生了质的变化，进入了一个新的发展阶段。一些类群的自然绝灭常伴随着新类群的形成，植物界的发展过程就是这样从低级向高级，从简单到复杂，不断地变化。在漫长的地质历史上，出现过千姿百态的植物。

千姿百态的植物进化史

这些植物，有的已经绝灭了，成为地球史上的过客，有的延续至今，一直为我们的地球披着浓重的绿妆。植物的演化是一个连续发展的过程，即从最简单、最原始的原核生物一直到年轻的被子植物，每一阶段都有化石证据。古生物学家把植物的演化和发展划分成几个阶段。

细菌时期——菌藻植物时代

从35亿年前开始到4亿年前（志留纪晚期）近30亿年的时间，地球上的植物仅为原始低等的菌类和藻类。其中从距今15亿～35亿年间为细菌和蓝藻独霸的时期，地质学家常将这一时期称为蓝藻时代。从15亿年前开始才出现了红藻、绿藻等真核藻类。

无花精灵——蕨类植物时代

4亿年前由一些绿藻演化出原始陆生维管植物，即裸蕨。它们虽无真根，也无叶子，但体内已具维管组织，可以生活在陆地上。在3亿多年前的泥盆纪早、中期，它们经历了约3000万年的向陆地扩展的时间，并开始朝着适应各种陆生环境的方向发展分化，此时陆地上已初披绿装。此外，苔藓植物也是在泥盆纪时出现的，但它们始终没能形成陆生植被的优势类群，只是植物界进化中的一个侧支。

裸蕨植物在泥盆纪末期已绝灭，代之而起的是由它们演化出来的各种

拓展阅读

纵观植物界的发生发展历程，可以看出整个植物界是通过遗传变异、自然选择（人类出现后还有人工选择）而不断发生和发展的，并沿着从低级到高级、从简单到复杂、从无分化到有分化、从水生到陆生的规律演化。新的种类在不断产生，不适应环境条件变化的种类不断死亡和绝灭，这条植物演化的长河将永不间断，永远不会终结。

蕨类植物；至二叠纪约1.6亿年的时间，它们成了当时陆生植被的主角。许多高大乔木状的蕨类植物很繁盛，如鳞木、芦木、封印木等。

美艳展示——裸子植物时代

从二叠纪至白垩纪早期，历时约1.4亿年。许多蕨类植物由于不适应当时环境的变化，大都相继绝灭，陆生植被的主角则由裸子植物所取代。最原始的裸子植物（原裸子植物）也是由裸蕨类演化出来的。中生代为裸子植物最繁盛的时期，故称中生代为裸子植物时代。

春华秋实——被子植物时代

在植物界的家族中，被子植物是出现较晚的成员。可靠的被子植物化石见于早白垩世的晚期，到晚白垩世时，被子植物化石已很普遍，说明它们对陆地环境有很强的适应能力，此后，被子植物逐渐开始排挤裸子植物，进入第三纪就占有绝对统治地位了。被子植物已经具有完善的输导组织和支持组织，生理机能大大提高了。今天的被子植物分布极其广泛，无论是寒带还是热带，到处都可以找到被子植物的踪迹，被子植物有27万多种，数量占整个植物界的一半还多。

被子植物是从白垩纪迅速发展起来的植物类群，并取代了裸子植物的优势地位。直到现在，被子植物仍然是地球上种类最多、分布最广泛、适应性最强的优势类群。

↓松树是典型的裸子植物

你知道植物家族有多少位成员吗

地球上几乎到处都生长着植物。植物是生命的主要形态之一，包含了如树木、灌木、藤类、青草、蕨类、地衣及绿藻等熟悉的生物。种子植物、苔藓植物、蕨类植物和拟蕨类等植物中，据估计现存大约有350000个物种。直至2004年，已有287655个物种被确认，包括258650种开花植物、15000种苔藓植物。

植物品种的“变化之旅”

植物的进化经历了长达30亿年的漫长岁月。在此过程中，它们不断与外界环境条件作斗争，同时为了适应外界环境的变化多端，植物们也在不断改变自身的形态结构和生理功能。加上一些地理环境的阻碍，如海洋、陆地、高山和沙漠等，使许多生物不能自由地从一个地区向另一个地区迁移。这就将植物们的种群隔离了，而隔离又导致不同的种群在不同条件下发生变异，由此出现了形态差异、生理差异甚至染色体畸变等现象，这就是植物界的生殖隔离。渐渐地，越来越多的新的种类就形成了。

另外，在自然条件下，植物通过相互自然杂交或人类的长期培育，也在不断产生新品种。

“等级森严”的植物家族

有人说，植物们在漫漫历史长河的发展变化中，出现了那么多种类，该怎么去逐一区分呢？植物分类学家们早已经从大体上弄清了各种植物之间的关系，并根据它们之间亲缘关系的远或近，从低级到高级，从简单到复杂，把它们编排在一个系统中。在这个系统中，每一种植物都有一个自己的位置，就像是每一个人都有一个户口一样。这个系统由好几个等级组成，最高级是“界”，接着是“门”“纲”“目”“科”“属”，最基层的是“种”。由一个或几个种组成属，由一个或几个属组成科，以此类推，最后由几个门组成界，也就是植物界。

如何判断植物的分类

一旦碰到有不认识的植物，只要判断它可能属于的科，再到有关的植物分类专业书上去查找，就不会太困难了。因为几乎所有的分类书籍中，植物的编排都是以科为基础的。所以我们要特别重视“科”。

对所有的植物，可以根据能不能产生种子这个标准来划分为两大类群：种子植物和孢子植物。凡是能产生种子的称为种子植物，不会产生种子的称为孢子植物。

对于种子植物，我们还可以再分为两类，即被子植物和裸子植物。这两类植物的共同特征是都具有种子这一构造，但这两类植物又有许多重要区别。

↓松树属于松柏目，裸子植物门

被子植物的种子生在果实里面，除了当果实成熟后裂开时，它的种子是不外露的，如大家熟悉的苹果、大豆即被子植物。

裸子植物没有果实这一构造。它的种子仅仅被一鳞片覆盖起来，而不会被果实紧密地包被起来。如在马尾松的枝条上，会结出许多红棕色的松球，它由许多木质鳞片形成，它们之间相互覆盖。如果把鳞片剥开，可以看到每一鳞片下覆盖着两粒有翅的种子。不过，有些裸子植物，种子外面并没有覆盖的鳞片。如银杏，它的种子自始至终处于裸露状态。

中国拥有的植物资源

中国也是世界上植物资源最为丰富的国家之一，约有30000多种植物，仅次于世界植物最丰富的马来西亚和巴西，居世界第三位。其中苔藓植物106科，占世界科数的70%；蕨类植物52科，2600种，分别占世界科数的80%和种数的26%；木本植物8000种，其中乔木约2000种。全世界裸子植物共12科71属750种，中国就有11科34属240多种。针叶树的总种数占世界同类植物的37.8%。被子植物占世界总科、属的54%和24%。

北半球寒、温、热各带植被的主要植物，在中国几乎都可以看到。水杉、水松、银杉、杉木、金钱松、台湾杉、福建柏、珙桐、杜仲、喜树等为中国所特有。

水杉是一种高大乔木，被列为世界古稀名贵植物。金钱松产于长江流域山地，叶子簇生在短枝上，状如铜钱，春夏苍绿，秋天变黄，是世界五大庭园珍贵树种之一。

中国食用植物有2000余种，药用植物3000多种。长白山的人参、西藏的红花、宁夏的枸杞、云南和贵州的三七等，均属名贵药材。花卉植物种类极多，“花中之王”——牡丹，为中国固有，它花朵大、多瓣，色彩艳丽，被推崇为中国的“国花”之一。

拓展阅读

地球上已被人们发现的植物有40余万种，分别属几个大类。这些植物把大自然装饰得绚丽多彩、五彩缤纷。其中最大的功臣首推被子植物。全世界约有25万种被子植物；其次是真菌约10万多种；藻类和苔藓植物各有2万多种；蕨类植物1万多种；细菌2000多种；而种子外面没有果皮包被的裸子植物，仅有700多种。所以，被子植物是植物界中种类最多的植物。被子植物遍布全球，从北极圈到赤道都能生长，6000米以上的高山和江河湖海有它们的踪迹，沙漠、盐碱地也有它们的影子。

植物的“睡眠”运动

含羞草或合欢草等豆科植物白天将叶子打开，傍晚它们又关上叶子“睡觉”。这种由叶子的开闭引起的植物“睡眠运动”自古以来就受到人们关注。最早的记录可追溯到公元前4世纪，亚历山大大帝命令他的部下调查“植物为什么睡觉”。到了18世纪，法国的生物学家发现，即使将含羞草置于没有阳光的黑暗洞穴里，在最初的几天它仍可以保持以24小时为一个周期的“睡眠运动”，也就是说它不受光等外部环境的影响。这说明在含羞草的体内存在着周期性运动的“生物钟”。

最早的植物运动研究

达尔文是最早对植物运动进行系统观察研究的科学家。他晚年时，一度被植物的多样性所吸引。他与儿子弗朗西斯一起仔细观察了300多种植物，在他去世前两年写了一本有关植物的睡眠运动、弯曲及旋转攀爬运动的巨著——《植物的运动》，该书已成为经典名著。

谁在控制植物的“睡眠运动”

那么，是谁在控制植物的周期性“生物钟”，让它们可以在短期内自动保持规律运动呢？科学家通过各种研究分析和实验，从植物中提取了几千种化合物，最终成功地分离出两种生理活性物质，并确定了它们的分子结构。一种是让植物叶片闭合的“睡眠物质”，另一种是让植物叶片张开的“觉醒物质”。植物的睡眠运动就是由这两种性质相反的物质控制。

“睡眠物质”与“觉醒物质”

由于事前谁也没有料到生理活性物质会是两个种类，科学家为此在分离过程中不知不觉使它们之间相互否定，没能很快发现生理活性物质。后来找到了正确区分睡眠物质与觉醒物

拓展阅读

根据豆科植物不“睡眠”就枯死的事实，以及每种植物的生理活性物质不一样的研究结论，由此专家认为可以利用植物本来的生物现象开发出环境和谐型农药。例如，现在市场上出售的除草剂仅能使杂草枯死。而所谓睡眠运动阻断剂，就是使特定的植物患上“失眠症”枯死。科学家还考虑到，如果能延长植物的睡眠时间，减少其水分蒸发，那或许将来能够开发出有一定抗旱能力的庄稼。

质的方法，才获得成功。这种分离法研究了10年之久，它从十几千克的物质中最终分离出的生理活性物质仅仅为几毫克。

迄今为止，科学家已经从含羞草、决明属、叶下珠属、铁扫帚、合欢属5种豆科植物中各自成对地分离出了不同的“睡眠物质”与“觉醒物质”。每种植物的这些活性物质对于其他植物完全不起作用。这说明每种植物的生理活性物质都不一样，也说明了睡眠运动这种现象是在进化中的某阶段形成的。这一发现推翻了控制所有植物运动的生理活性物质都相同的假说。

植物为什么会有“睡眠现象”呢

植物为什么会“睡觉”呢？达尔文在《植物的运动》一书中说，这是“为了保护身体免受夜间低温的侵袭，所以采用闭上叶片的睡眠方法”。而20世纪70年代生物钟理论权威则认为，这是为了防止月光引起生物钟的复位。不管植物“睡觉”是为了躲避夜间的低温还是夜间明亮的月光，这些说法都缺乏实验上的科学依据，也就是说人们还没有制造出不“睡觉”的植物。

科学家们曾针对“一株铁扫帚”合成了能够强行阻碍其“睡眠”的物质，并将这种物质作用于“一株铁扫帚”。果然，它的叶片就张开了。但这种植物却因此患上了“失眠症”——叶片一直处于张开状态。由于长期“失眠”，这株植物受到了伤害，两周后完全枯萎。这一实验也证明了“睡眠运动”是植物生存不可或缺的生命现象。

↓红藻

奇姿异彩的斑叶

植物的叶片，历来都是以绿色为多。秋天，人们可以欣赏到绿、黄、红层林尽染的绮丽秋光景色。而现在，市场上涌现出一批斑叶植物，它们色彩斑斓，状似图案，似花非花，成为新崛起的奇花异卉。

彩色的叶子点缀着世界

生长在热带地区著名的观叶植物变叶木，它的叶子形状很多：有狮耳大叶的，也有鸭脚戟形的；它叶子上显现的叶斑，有黄斑、橙斑、粉红斑和褐色斑点，缀于绿叶之中；形状有条纹状的，也有斑点的，科学家们把这种斑点叫做“虎斑”。

花叶芋，有的绿叶上镶有红白色点，状如天空中的星星，相映生辉，这叫做“星斑”。有的绿叶上有殷红的线条，勾画出叶脉清晰的轮廓，这叫做“网斑”。

金边吊兰的叶子上镶有黄色的丝带状斑纹，更是别具特色，这叫做“缟斑”。

彩色毯兰的叶片上混有粉红、乳白和淡紫等色彩，仿佛是大理石上的云彩，既新颖又别致。

网纹草原产自秘鲁，原来叶上的叶脉都是白色，仿佛出自画家的工笔。后来，荷兰园艺家路比卡斯偶然发现了一株叶脉呈现红色的变种，他如获至宝，用它来进行细胞组织培养，培育出大量网纹草，由于物以稀为贵，独家专利，他由此而发了一笔大财。

蔓生的黄金葛，叶子绿中有黄，黄中间白，宛如一串翡翠，悬空而下，十分美丽。

白玉万年青打破了常见的万年青的格调，在叶片中央出现一片白玉般的色晕，更显得优雅脱俗。

此外，巴西铁、橡胶榕、彩叶芋、秋海棠、粗肋草、小凤梨，以及肉质的仙人球，都先后出现了许多鲜艳的斑叶新品种，使观叶植物的大家族更加绚丽多彩。

大自然的“魔术”

这些斑叶新品种，大多是通过自然变异，或人工引变得来的，往往千中得一。科学家对此进行了研究，初步揭开了这其中的奥秘。原来，这是叶片细胞中的色素耍的“魔术”。当叶绿素的生成机制受到阻碍失控，或者细胞产生了基因突变以后，花青素、叶黄素、胡萝卜素就乘机抬头露脸，于是叶面上就泛现出色彩斑斓的奇观。

这种植物的生理变化，还可以人为进行控制，通过物理、化学方法，如用X光照射来促使植物叶内发生突变或诱变，使叶片出现“叶斑”现象。科学家认为，不久的将来，人们一旦全面掌握了导致叶斑形成的新技术后，植物的观赏价值将越来越高，斑叶植物将大放异彩。

拓展阅读

斑叶肖竹芋是多年生常绿草本，竹芋科。株高20～50厘米。叶丛生，薄革质，叶长30～60厘米，长圆状披针形，叶面深绿色，有丝绒光泽，叶背紫色，有绿白色或绿褐色斑纹，沿中脉左右交互排列。穗状花序，小花紫白色。

↓花叶竽

为何说"一叶知秋"

古书上说：梧桐能"知闰""知秋"。意思是说它每条枝上，平年生12叶，一边有6叶，而在闰年则生13叶。这是偶然巧合演绎出来的，实际上并没有这种自然规律。至于"知秋"却是一种物候和规律，"梧桐一叶落，天下皆知秋"，既富科学，又有诗意。

一夜秋风，满地落叶

初秋时节，激素脱落酸等物质聚积到树叶里，树叶便开始变色，树叶则将叶绿素、水、氮、磷、蛋白质和碳水化合物等有用材料送回树干、树根，自己等待枯萎死亡。与此同时，在叶梗部的一组特殊细胞也开始变得脆弱起来，于是，一遇风雨，它们就很容易被折断，从而叶落满地。一夜秋风之后，就是遍地枯叶。

为什么落叶总在秋天

其实，走在马路上就可以找到答案。仔细观察一下最为常见的行道树法国梧桐。你会发现，深秋时节，大多数的梧桐叶已落尽，而靠近路灯的树上，却总还有一些绿叶在寒风中艰难地挺立着。因此我们可以得出这样的结论，影响植物落叶的条件是光而不是温度。实验证明，增加光照可以延缓叶片的衰老和脱落，而且用红光照射效果特别明显；反过来，缩短光照时间则可以促进落叶。夏季一过，秋天来临，日照逐渐变短，是它在提醒植物——冬天来了。

但是还有很多问题依然在等待我们不断去探索、去研究。也许有一天，一夜秋风以后，推开窗户，人们见到的还是满园的绿色。

秋季的五彩叶

有些绿叶在天凉后会变红。北京的秋日，人们会去香山看红叶；南京的秋日，人们也喜欢到栖霞山欣赏

↑秋天的红叶

“万山红遍”的美景。“霜叶红于二月花”，枫树、槭树、乌桕、黄栌、柿树等等，在霜降前后都会变得火红火红的。它们点缀着金色的秋天，吸引着无数游人，也把江山装扮得更加多娇了。

无论是黄叶、红叶，在冬日的寒风下，落叶树的叶子终究悉数掉落，只剩下光秃秃的树干。那么，四季常夏的热带地区，树叶是不是就不会飘落下来呢?不是的。热带的树木也会落叶。不过，它们落叶的时节并非都在秋季。在我国广东、云南、海南等地，许多树木就是在每年的2～3月才落叶的。“一叶知秋”的说法在这些地方并不适用；“一叶落而知天下秋”，那就更不合乎自然界的实际了。

拓展阅读

许多诗人观察到落叶的飘零景象，借景抒情，发出无穷的惋惜和感慨来咏叹自己的身世。“花开残菊傍疏篱，叶下衰桐落寒井”“梧桐叶落秋已深，冷月清光无限愁”。其实，落叶并非树木衰老的表现，而是树木为了适应环境，进入耐寒抗冻的休眠，准备着新春的萌发。

你知道树叶的寿命吗

花草树木都有一定的生存年限，有的即使能活几千年、上万年，最终还是要死去。叶是植物体的一部分，它当然更不可能长存于世了。

树叶能生存多久呢

“秋风萧瑟天气凉，草木摇落露为霜”。大多数树木都是春生、夏长，到秋天就开始落叶了。

桃、李、杨、柳等树的树叶从春生到秋落，只能生存几个月，故被称为落叶树；油茶的树叶寿长两年；松柏的叶子可活3～5年；紫杉树叶可活6～10年；冷杉树叶为12年。

一些树的树叶构造紧密，外面往往还有角质层保护，所以能够长年不凋谢。不过它们也要落叶的，但因为它们是在老叶未落、新叶已生的情况下进行新旧交替，人们所看到的总是绿叶常在，因而称之为常绿树。包括松柏等在内的常绿树，树叶的寿命并不算长，远比树木本身短得多。

寿命最长的叶子

与植物体共生死的叶子也是有的，它就是百岁兰的叶子。百岁兰属龙舌兰科，生长在非洲的干旱地区。它个子不高，通常不过30厘米左右。茎甚粗壮，周长可达300多厘米。最奇怪的是一生只长两片叶子。每片叶子宽30厘米，长200多厘米。这两片叶子是与整个植株同生死的。百岁兰可活100多岁，百岁兰的叶子寿命也有100多岁，科学家说，它是植物界最长命的叶子。

最小的叶子

叶子中的小弟弟要算文竹的叶子了。这是种观赏植物，很多人家的“阳台花园”里就有它。如今见到的文竹，枝已变为叶状，就是叶状枝。它分枝既多且细，人们常常误认它的枝为叶。文竹也是有叶的，但已退化成为白色的鳞片，并且躲在叶状枝的基部。你若想见一见文竹叶的真面目，还得请放大镜来帮忙。

拓展阅读

在巴西与玻利维亚交界的亚马孙河，生长着一种世界上最大的水生植物——王莲。王莲的叶子既大又圆，直径可超过两米，它的四周生有向上卷曲的直立边缘，所以看起来就像一只平底煎锅。这张大叶子浮在水面上，能够承重几十千克的东西。有个8岁女孩坐在上面，叶子也能吃得消；个别的大叶可以同时承载两三个孩子。原因是它的叶背有极粗壮且突起的肋，形成洼窝，集聚气体，故而增加了浮力。

王莲的叶子若与大根乃拉草相比，又属微不足道的了。大根乃拉草生长在智利的森林里，它的一张叶子能把3个并排骑马的人，连人带马都遮盖住。假如有两张大根乃拉草的叶子，就可以搭成帐篷，足可以让五六个人在里面临时休息居住。

有种棕榈叶有24米长。热带的长叶椰子，据测定，最长的竟有27米，竖起来有7层楼房高，这是迄今所发现最长的叶子。

↑棕榈叶

神奇的世界

第二章

植物的怪异行为之谜

植物世界中经常会发生很多怪异的事情。例如：一口吞食苍蝇的食虫植物；缠绕其他树木，活活将其勒死的绞杀者——无花果。这些看似沉默不语的植物，有时竟如此危险、残酷无情。不仅如此，这些植物还会使用比人类更高超的“战术”，而且还会“动脑筋”呢，真是令人不可思议！

植物也有“报复”行为

在残酷的大自然中生存，就不得不随时做好防备敌人的准备。因此，植物为了防身，也常常“随身”带着“武器”。有的武器比较原始，像古代武士使用的矛和盾；有的武器则很先进，犹如现代的枪和炮。

植物的自我保护行为

烟草、大麻的叶片上，长着浓密的茸毛，构成了阻挡细菌进入的一道屏障。对于那些企图入侵的病菌，在这道屏障中，如入迷魂阵，会因迷路“饥渴而亡”。小蘖的叶子变成的叶刺，洋槐的叶托变成的叶刺，茅草叶缘上的锯齿，麦穗和稻穗的长芒，都是植物对付动物吞食的矛和盾。

蚕豆叶面上有一种锋利的钩状毛，叶蝉爬上蚕虫叶面，就会被钩状毛缠住，动弹不得而饿死；棉花植株的软毛，能排斥叶蝉的进犯；大豆的针毛，能抵抗大豆叶蝉和蚕豆甲虫的进攻。这都是植物的矛和盾在保护自己。

植物的报复行为

除了自我保护以外，植物也有报复行为。

秘鲁千多拉斯山里生长着一种不到半米高、有如脸盆大小的野花。每朵花都有5个花瓣，每个花瓣的边缘上长满了尖刺，不去碰它也就相安无事，但如果你碰它一下，它的花瓣会猛地飞弹开来，被弹中的轻者只是流血，重者则会留下永久的疤痕。

非洲的马达加斯加岛上有一种树，形状似一棵巨大的菠萝蜜，高约3米，树干呈圆筒状，枝条如蛇，当地人称为“蛇树”。这种树极为敏感，一旦有人碰到它的树枝，就会被它认为是敌对行为，很快被它缠住，轻则脱皮，重则生命难保。

植物的这些自我保护和报复性行为都是在长期进化过程中形成的特殊功能，已经引起科学家和生物学家的广泛关注。将来，我们也许可以将植物的这些特殊功能运用在我们的科技或生活当中。

植物也能“出汗”吗

夏天的早晨，到野外去看看，可以发现很多植物叶子的尖端或边缘，有一滴滴的水珠淌下来，好像在流汗。这就是人们通常所说的露水。可是，这水珠真的是露水吗？

你看，那亮晶晶的水珠慢慢从植物叶片尖端冒出来，逐渐增大，最后掉落下来。接着，叶尖又冒出水珠，慢慢增大，再掉落下来……一滴一滴连续不断。显然，这不是露水，因为露水应该布满叶面。那么，这些水珠是从哪里来的呢？无疑，它们是从植物体内跑出来的。

植物并不是在“出汗”

植物在“出汗”吗？当然不是，其实植物叶片的尖端或边缘有小孔，叫做水孔，它们与植物体内运输水分和无机盐的导管相通，植物体内的水分可以不断地通过水孔排出体外。平常，当外界的温度高，气候比较干燥的时候，从水孔排出的水分很快就蒸发散失了，所以我们看不到叶尖上有水珠积聚起来。如果外界的温度很高，湿度又大，高温使根的吸收作用旺盛，湿度过大抑制了水分从气孔中蒸散出去。这样，水分只好直接从水孔中流出来。

植物的“吐水”现象

在植物生理学上，这种现象叫做“吐水”。吐水现象在盛夏的清晨最容易看到，因为白天的高温使根部的吸水作用变得异常旺盛，而夜间蒸腾作用减弱，湿度又大，自然就会“吐水”。植物的“吐水”，在稻、麦、玉米等禾谷类植物中经常发生。在芋艿、金莲花等植物上也很明显。芋艿在吐水最旺盛的时候，每分钟能滴下190多滴水珠，一个夜晚可以流出10～100毫升的水。

植物吐水如“哭泣”

木本植物的“吐水”现象就更

↑金莲花

奇特了。在热带森林中，有一种树在“吐水”时，滴滴答答，好像在哭泣似的，当地居民干脆把它叫做“哭泣树”。中美洲多米尼加的雨蕉也是会“哭泣”的植物。在温度高、湿度大、水蒸气接近饱和及无风的情况下，雨蕉体内的水分会从水孔溢出来，一滴滴地从叶片上落下来，当地人把雨蕉的这种吐水现象当做下雨的预兆。“要知天下雨，先看雨蕉哭”，因此，他们都喜欢在自己的住宅附近种上一两棵雨蕉，作为预报晴雨之用。

拓展阅读

我们居住的陆地，在远古时候，有很多地方原来是海洋。后来陆地上升，海水干涸，但海水里的盐分仍旧留在土壤里。这些盐碱，是植物生长的大敌。世界上最著名的耐盐植物是盐角草。它能生长在含盐量高达0.5%～6.5%的高浓度潮湿盐沼中。这种植物在我国西北和华北的盐土中很多。盐角草是不长叶子的肉质植物，茎的表面薄而光滑，气孔裸露出来。植物体内含水量可达92%，所含的水分可达鲜重的4%，干重的45%。这些水分是工业上有用的原料。由于盐角草体内所含的盐分高、体液浓度大，所以最能适应在盐土中生长。

面包树能生产“面包”吗

面包树小档案

别名：面包果、罗蜜树、马槟树

科：棕榈科

原产：南太平洋岛屿国家，如斐济、波利尼西亚、塔西提

分布：波利尼西亚，印度南部，加勒比地区等热带地区

面包树又叫面包果、罗蜜树、马槟树，是一种常绿乔木，原产于马来半岛以及波利尼西亚，如今因人类传播而分布波利尼西亚、印度南部、加勒比地区等热带地区。面包树结果的时间一年内有9个月，经烤制的面包果，松软可口，酸中有甜，风味和面包差不多，故称此树为“面包树”。

香甜的面包果

面包树原产于南太平洋一些岛屿国家，如斐济、波利尼西亚、塔西提等。在巴西、印度、斯里兰卡等国家和非洲热带地区均有种植。它是一种木本粮食植物，也可供观赏。肉质的果实富含淀粉，烧烤后可食用，味如面包，适合作为行道树、庭园树木栽植。

面包树的每个果实都是由一个花序形成的聚花果，果肉充实，味道香甜，营养很丰富，含有大量的淀粉和丰富的维生素A、维生素B及少量的蛋白质和脂肪。面包果烧烤后可食用，烤制过的面包果，味如面包，松软可口，酸中有甜，常被用作口粮。台湾东部的阿美族及兰屿岛上的达悟族人都会取食面包树的果实，阿美族人在果实快要成熟时，摘下来去皮、水煮食用，此外还会将白色乳汁拿给小孩子当成口香糖咀嚼。

面包树的功劳

面包树在适宜的条件下易成活，又因为它的高产，是解决饥荒的重要办法。据史书记载，18世纪中叶时，英属殖民地西印度群岛，由于单一的种植甘蔗，黑人生活备受压迫，粮食不够，导致大饥荒。1770 ~ 1777年间，仅牙买加岛一地，就饿死1.5万

↓面包树

人。英国殖民者不得不采取措施改善那里的粮食状况，他们下令游船去南太平洋岛国塔西提采集面包树苗，运到西印度群岛去种植，最终成功地解决了当时的饥荒。

面包树是许多热带地区的主食，波利尼西亚人在航海探险时一般都会携带此树的根插，以便在其他海岛种植。一棵面包树一年可结200颗果，是食用植物中产量最高的种类之一。

萨摩亚人与面包树

岛国萨摩亚位于太平洋南部，全境由萨瓦伊岛和乌波卢两个主岛及7个小岛组成。萨摩亚风情独特，传说中颇为神奇的面包树也在这里生长。

有人开玩笑说，一个萨摩亚男人，只要花1个小时，种下10棵面包树，就算完成了对下一代的责任。因为10棵面包树结的果实，足够一个人吃上一整年。萨摩亚人把这种树上结出的“面包”切成片，再烤一烤就成了他们盘中的美食。不仅如此，面包树还是各种物品的原材料。用面包树做的小船是萨摩亚人最主要的交通工具；用面包树建的房子，可以住上50年；萨摩亚人甚至还用树皮做绳子和各种生活用品。

紫薇树真的怕痒吗

紫薇树小档案

别名：无皮树、百日红、满堂红、痒痒树

树龄：500～1000年

科：千屈菜科

原产：中国

分布：亚洲南部及澳大利亚洲北部，中国华东、华中 、华南及西南

紫薇树是我国珍贵的环境保护植物。宋代诗人杨万里有诗赞颂：“似痴如醉丽还佳，露压风欺分外斜。谁道花无红百日，紫薇长放半年花。” 明代薛蕙也写过：“紫薇花最久，烂漫十旬期，夏日逾秋序，新花续放枝。”

“怕痒的”紫薇树

北方人叫紫薇树为“猴刺脱”，是说树身太滑，猴子都爬不上去。它的可贵之处是无树皮。年轻的紫薇树干，年年生表皮，年年自行脱落，表皮脱落以后，树干显得新鲜而光滑。紫薇树长大以后，树干外皮落下，光滑无皮。如果人们轻轻抚摸一下，紫薇树立即会枝摇叶动，浑身颤抖，甚至会发出微弱的“咯咯”响动声。这是由于紫薇树的木质比较坚硬，而且紫薇树的上部比一般的树要重些，这就使它比较容易发生摇晃，看似“怕痒”。

美丽的传说

传说如果你家的周围开满了紫薇花，紫薇仙子将会眷顾你，给你一生一世的幸福。在我国民间有一个关于紫薇花来历的传说。在远古时代，有一种凶恶的野兽名叫年，它伤害人畜无数，于是紫微星下凡，将它锁进深山，一年只准它出山一次。为了监管年，紫微星便化作紫薇花留在人间，给人间带来平安和美丽……

紫薇树对人类的贡献

紫薇具有较强的抗污染能力，能抗二氧化硫、氟化氢、氯气等有毒

↑紫薇——“怕痒”的树

气体，故又是工矿区、住宅区美化环境的理想花卉。紫薇还具有药物作用，李时珍在《本草纲目》中论述，其皮、木、花有活血通经、止痛、消肿、解毒作用。种子可制农药，有驱杀害虫的功效。叶治白痢，花治产后血崩不止、小儿烂头胎毒，根治痈肿疮毒，可谓浑身是宝。

知/识/链/接

紫薇是湖北省襄阳市的市花，襄阳是中国紫薇品种最多的地区之一，其辖区保康、南漳两县山区有大量野生植株。树龄最大的越千年，堪称中国之最。

拓展阅读

在中国，紫薇有悠久的栽培历史。最早记载紫薇的书是东晋时期王嘉所著的《拾遗记》，书中记载1600年前已经开始广泛种植紫薇。唐开元元年，紫薇成了中书令和中书侍郎的代名词，广泛栽植于皇宫、官邸，是富贵吉祥的象征。

红树爱吃盐吗

红树小档案
科：海桑科
原产：热带地区

红树并非指树叶红如枫，而是因其树皮能制造一种棕红色染料而得名，是一大类植物的总称。红树是生长在热带、亚热带海岸泥沼地带的一类小乔木，全世界共有82种，我国有29种。

海水的淡化器

在我国广西、广东、海南岛等地的海水中，生长着一片片红树林。这些红树林中的树木，不仅不怕水淹，还不怕盐渍，在海水中生长良好。这些树木之所以不怕盐渍，是因为它们有抗盐渍的生理机制：红树根部能抵抗盐分，只将淡水吸进体内；红树的叶很硬，含有排盐腺体，能把多余的盐分排出体外。由于红树有淡化海水的特殊功能，被誉为“植物海水淡化器”。

其他抗盐植物

泌盐植物——瓣鳞花、胡杨

像红树这样能耐盐碱的植物世界上还有很多。胡杨、瓣鳞花等植物的抗盐碱能力就很强。它们能生长在含盐水量很高的盐碱地里，抗盐碱的绝招是泌盐：它们虽然吸进了大量的盐分，却不积累在体内，而是将盐分连同水分不断地从表面的泌盐腺排出。

稀盐植物——小麦、大麦

还有一种“稀盐植物”，它们抗盐碱的绝招是大量吸进水分来稀释盐分，如小麦、大麦等农作物。

聚盐植物——盐角草、碱蓬

“聚盐植物”则采取“以毒攻毒”的策略，把根吸收的盐分排到由特化的原生质组成的盐泡里去，并抑制这些盐从盐泡跑到细胞其他原生质中去，如盐角草和碱蓬。

拒盐植物——冰草

还有一种叫冰草的拒盐植物，其根系有拒吸盐分或减少吸盐分的本领。

↑红树有着强大的根系

美丽的红树林

红树林其实是由许多树种组成的，如红茄冬、海桑、角果木等等。红树的果实成熟后，暂时不会脱落，但里面的种子已经萌芽，它慢慢成长，形成一条条棒状的幼苗，一般长20～40厘米。当海风刮来，成熟的幼苗借助本身的重量，纷纷脱离母体，直落海滩，插进泥沙之中。幼苗下端很快长出侧根而牢牢固定在泥沙之中，成为一棵新的红树苗，加入红树林的行列。已经发芽的幼苗也可随海水漂浮到别的地方去生长发育。由于这种植物果实的种子是在树上萌发，也就是说在树上“怀胎”，故称为胎生植物。在我国南部沿海，以及印度、马来西亚、西印度群岛和西非的一些海滩，都有红树林的分布。

拓展阅读

在热带地区的海边，常常看到一大片枝叶茂密的红树林，每棵树都有强大的根系，有的粗根像弯弓似的凸出地面，盘根错节地固定着树干，还有从枝干上垂下来的气根，插入海滩的淤泥中，支撑着大树，在水面上成拱形的根有超大的皮孔，能吸收空气中的水汽。它们的叶子特别厚，可以反射阳光，减少水分蒸发。此外，它们还有排盐的本领，从海水中吸入体内的过多盐分，会通过叶面上的排盐腺排出体外。

会流血的树

麒麟血藤小档案
科：棕榈科
原产：中国广东、台湾

麒麟血藤属棕榈科省藤属。其叶为羽状复叶，小叶为线状披针形，上有三条纵行的脉。果实卵球形，外有光亮的黄色鳞片。除茎之外，果实也可流出血样的树脂。

珍贵的中药之"血"

一般树木，在损伤之后，流出的树液是无色透明的。有些树木如橡胶树、牛奶树等可以流出白色的乳液，但你恐怕不知道，有些树木竟能流出"血"来。

我国广东、台湾一带，生长着一种多年生藤本植物，叫做麒麟血藤。它的茎可以长达10余米，通常像蛇一样缠绕在其他树木上。如果把它砍断或切开一个口子，就会有像"血"一样的树脂流出来，干后凝结成血块状的东西。这是很珍贵的中药，称之为"血竭"或"麒麟竭"。经分析，血竭中含有鞣质、还原性糖和树脂类的物质，可治疗筋骨疼痛，并有散气、去痛、祛风、通经活血之效。

龙血树小档案
科：百合科
原产：大西洋加那利群岛

龙血树原产于大西洋的加那利群岛。全世界共有150种，我国只有5种，生长在云南、海南岛、台湾等地。龙血树还是长寿的树木，寿命最长的可达6000多岁。

紫红色的"血"

在我国西双版纳的热带雨林中生长着一种树，叫龙血树。龙血树是常绿的大树，树身一般高20米，基部周围长有10米，七八个人伸开双臂才能

↑龙血树

合围它。它那白色的长带状叶片，非常尖锐，像一把锋利的长剑，密密层层地倒插在树枝的顶端。这种树流出的树脂为暗红色，是著名的防腐剂，被当地人民称为“龙之血”，故名为龙血树。当它受伤之后，也会流出一种紫红色的树脂，把受伤部分染红，这块被染的坏死木，在中药里也称为“血竭”或“麒麟竭”，与麒麟血藤所产的“血竭”具有同样的功效。

一般说来，单叶植物长到一定程度之后就不能继续生长了。龙血树虽然属于单叶植物，但它茎中的薄壁细胞却能不断分裂，使茎逐年加粗并木质化，最终形成乔木。

拓展阅读

英国威尔有一座公元6世纪建成的古建筑物，它的前院耸立着一株已有700年历史的杉树。这株树高7米多，它有一种奇怪的现象，长年累月流着一种像血液一样的液体，这种液体是从这株树的一条2米多长的天然裂缝中流出来的。这种奇异的现象，每年都吸引着数以万计的游客前来观赏。

会产“油”的树

香胶树小档案
科：百合科
原产：巴西热带雨林

地球上的石油资源有限，越开采越少，因为石油是动植物在地下埋藏了千百万年的时间才形成的。在石油资源日益枯竭的今天，科学家们想，既然远古植物可以变成石油，那么今天的植物里可不可以提炼出石油来呢？

发现“天然储油仓”

科学家们开始四处寻找和培育能产石油的植物。工夫不负有心人，经过多年的寻找，一位名叫梅尔温·卡尔文的美国科学家终于在巴西的热带雨林里发现了一种能产出“石油”来的树。这种能产“石油”的奇树名叫香胶树，是一种高大的常绿乔木。人们只要在它的树干上打一个洞，就会有“石油”——胶汁源源不断地流出来。

给人类的礼物——无需提炼的“石油”

香胶树的胶汁的化学特性和柴油很相似，无需加工提炼，就可以当柴油来使用。安装柴油发动机的汽车，把它加入油箱，马上就可以点火发动，上路行驶。

香胶树产的“油”不仅可以直接供汽车使用，而且产量还很可观。一棵树在六个月里分泌出的胶汁有二三十千克，一亩地如果种上六七十棵香胶树，就可以产“石油”十几桶。种树能生产出宝贵的石油来，这对于那些石油资源匮乏的贫油国家来说，真是一个福音。

“油楠树”也会产油

除了香胶树，科学家还发现了一些其他能产“油”的植物。我国的海南省尖峰岭林区有一种“油楠树”，它的树干被砍伤以后，会流出淡黄色油状液体来，这种液体可以像油那样燃烧，当地的人用它来点灯照明。

能改变味觉的神秘果和匙羹藤

神秘果小档案

别名：梦幻果、奇迹果、西非山榄、蜜拉圣果

科：山榄科

原产：西非

神秘果是一种小乔木，高3～4米，它一年四季结果不断。它的果实并不大，长约2厘米，直径约8毫米。剥去红皮，露出白瓤，中间只剩1颗大种子。

让你甜甜的神秘果

在西非热带地区，也就是神秘果的老家，当地居民常常用它来调节食物的味道。它能使酸面包变得甜而可口，使酸味的棕榈酒和啤酒变甜。如果你在吃过酸、辣、苦、咸的食物之后，嚼上一个神秘果，嘴里立刻就有了甜甜的味道。

揭秘神秘果的“魔法”

神秘果实为什么能改变我们的味觉呢?为了揭开这个奥秘，科学家对其进行了详细的化学分析，并成功分离出了一种能改变食物味道的糖蛋白。这种物质本身并不甜，可是，当把果实放进嘴里后，它的溶液就能影响舌头上的味蕾感受器。

我们知道，人的舌头上有很多味蕾。不论哪种酸味的水果，总是含有一些果糖，只是当酸性成分大于甜性成分时，我们就只感觉到酸味。而神秘果的溶液却“屏蔽”了我们对酸味的味蕾感受器，刺激了对甜味的味蕾感受器，所以，吃了神秘果以后，我们自然就只能感觉到甜味。神秘果的“魔法”终于被揭穿了。

当然，神秘果带给我们的甜味感受不是永久性的，少则半小时，多至两小时。神秘果不但有改变人味觉的神奇作用，而且营养丰富，可以用来制作饮料和糕点。

匙羹藤小档案

别名：武靴藤、金刚藤、蛇天角、饭杓藤

科：萝藦科

分布：我国云南、广西、广东、福建、浙江、台湾，印度、越南、印度尼西亚、澳大利亚及非洲国家

让你索然无味的匙羹藤

匙羹藤的叶子也能改变人的味觉，不过和神秘果相反。

拓展阅读

20世纪60年代，周恩来总理到西非访问时，加纳共和国把神秘果作为国礼送给周总理。此后，神秘果开始在我国栽培。神秘果是一种国宝级的珍贵植物，不管是在西非各国还是我国，都受到保护，禁止出口。

人吃了匙羹藤的叶子之后，不管再吃多甜的东西，都会觉得索然无味了。匙羹藤能抑制人体对糖的吸收，降低血糖。

↓神秘果生长在西非的密林中

“杀人”于无形的海檬树

法国和印度科学家指出，一种生长在印度西南部地区的植物，其果实带有剧毒，这种果实经常被用作自杀工具，因此，这种树又名“自杀树”。

杀人于无形的“自杀树”

有一种植物名叫海檬树，树上所结带有剧毒的果实名叫海檬果。目前，只在印度西南部喀拉拉邦地区生长。据统计，在1989～1999年间，死于海檬果中毒的案件共有537例，每年死亡人数最少有11人，最多时曾达到103人。

被利用了的“危险杀手”

法国毒物分析学研究室负责人伊凡·盖亚尔德说：“在喀拉拉邦地区，50%的植物中毒事件是由海檬果造成的，10%的中毒事件与海檬果难逃干系。据我所知，目前世界没有任何一种植物像海檬果一样与诸多的自杀事件相关联。”据悉，利用海檬果自杀的人中，75%都是女性，在印度，女性时常会因为婚姻苦恼，因

拓展阅读

盖亚尔德带领的研究小组称，海檬果的重要毒性在于一种名为“海芒果毒素”的物质，它可中止人体心脏跳动，与通常所表现的心脏病发作十分相似。它的毒性只有通过层析色谱和质谱分析才可探测到。此外，由于海檬树只生长在印度地区，西方国家的医生、药剂师、分析师，甚至是验尸官都很少知道其独特的毒性。

此，海檬果便成为她们解脱失败婚姻的安慰剂。此外，海檬果也被用于谋杀案件。许多犯罪分子利用海檬果独特的毒性，对受害者进行谋杀。

海檬树高15米，生长着深绿色叶子和果实，打开果实有乳白色液体。开花时期其花朵呈白色，散发着茉莉香味。海檬果是绿色的，看起来像小芒果，因此许多儿童第一次看到海檬果，便误认为是芒果而盲目食用，最终死于非命。

↓海檬树

“不怕”阳光暴晒的树

如果我们到非洲的东部或南部去旅行，会看到一种奇异有趣的树。它无论春夏秋冬，总是秃秃的，全树上下看不到一片绿叶，只有许多绿色的圆棍状肉质枝条。根据它的奇特形态，人们给它起了个十分形象的名字，叫“光棍树”。

光棍树的“适者生存”法

我们知道，叶子是绿色植物制造养分的重要器官。在这个“绿色工厂”里，叶子中的叶绿素在阳光的作用下，将叶面吸收的二氧化碳和根部输送来的水分，加工成植物生长需要的各种养分。如果没有这个奇妙的“加工厂”，绝大多数绿色植物就难以生长存活。既然是这样，那为什么光棍树不长叶子呢？它靠什么来制造养分，维持生存呢？要想揭开这个谜，我们还是先来看看它的故乡的生活环境吧！

光棍树原产于东非和南非。由于那里的气候炎热、干旱缺雨，蒸发量十分大。在这样严酷的自然条件下，为适应环境，原来有叶子的光棍树，经过长期的进化，叶子越来越小，逐渐消失，终于变成今天这副怪模样。光棍树没有了叶子，就可以减少体内水分的蒸发，避免了旱死的危险。没有了绿叶的光棍树，其叶绿素自动转移到了枝条里，能代替叶子进行光合作用，制造出供植物生长的养分，这样光棍树就得以生存了。但是，如果把光棍树种植在温暖潮湿的地方，它不仅会很容易地繁殖生长，而且还可能会长出一些小叶片呢！生长出的这些小叶片，可以增加水分的蒸发量，从而保持体内的水分平衡。这就所谓适者生存吧！

木麻黄和假叶树等木本植物，也是同光棍树一样的光有枝而无叶的树。

野莴苣的生存本领

在干旱少雨、阳光强烈的地区，不少植物练就了一套套躲避骄阳、减少蒸腾作用的本领。在我国东北地区的草原上，生长着一种野莴苣。野莴苣为了减少水分的散失，叶片没有以平面向着太阳，而是刀刃似的向上，与地面垂直，避免阳光直射，且叶片的两面受到等量光照，都能进行光合作用。

为了适应阳光而改变的植物

有的植物适应阳光的能力更奇特，它们能传动叶片自动调剂光照。除了向日葵一类趋光植物以外，还有一类植物靠叶片转动、闭合，避免强光照射，水分过分散失。比如，槐树的小叶能随太阳转动。当太阳从东方升起，槐树的小叶向两侧水平舒展，尽量多地吸收阳光。中午阳光直射时，小叶逐渐向上舒展，以避免阳光过强而引起水分大量流失。傍晚时分，随着光线变弱，小叶又会慢慢舒展开来。

不畏骄阳的植物，在沙漠里数量最多，它们的最大本领就是用各种方法尽量贮水并减少水分散失。非洲沙漠中有一种叫沙那菜瓜的植物，有人将其放在干燥的玻璃柜中贮藏，8 年不浇水，重量从7.5千克减至3.5千克，但每年夏季都还会发芽。

拓展阅读

光棍树不仅仅生长在非洲，在我国西双版纳的热带植物园里，偶尔也会见到它们的身影：它们整个树身依旧不见一片叶子，满树尽是光溜溜的碧绿的枝条。有的游客出于好奇，折断一小根枝条或刮破一点树皮，它就会渗出白色的乳汁。

导游小姐把游客带到这种树旁时，可能会打趣地说：“这叫光棍树，没有结婚的年轻人可不能摸啊，如果摸了就会打一辈子光棍的。”

↓向日葵是典型的趋光植物

大火中的“英雄”树

我们知道，植物都是怕火的，然而有些植物却让大火奈何不了它们。

烈火中的金刚

当你走向森林时，远远便可看到“禁止烟火”的牌子。因为树木容易着火，星星之火，可以烧毁大片森林。但是，在我国南海一带，生长着一种叫海松的树，用它的木材做成烟斗，即使是成年累月地烟熏火烧，也烧不坏。当你用一根头发绕在烟斗柄上，用火柴去烧时，头发居然烧不断。因为海松的散热能力特别强，加上它木质坚硬，特别耐高温，所以不怕火烧。

芦荟的死叶不怕火

不久前，南非乔治森林研究站的工作者发现芦荟不怕火烧。一般来

海松树→

说，植物的叶子枯萎后便脱落了，而非洲大草原上的一些芦荟的枯叶却死而不落。一场火灾后，死叶覆盖主干的芦荟中有90%以上经受了炼狱的考验而活了下来。由于芦荟的死叶中有某种不易燃的物质，在死叶的保护下，无法达到致芦荟于死的高温，因此成功帮助芦荟逃过劫难。

含水量高的木荷树

在我国粤西山区森林中，有一种木荷树也是防火能手，能遏止火焰蔓延。它的树叶含水量高达45%，在烈火的烧烤下焦而不燃。它的叶片浓密，覆盖面大，树下又没有杂草滋生，因此既能阻止树冠上部着火蔓延，又能防止地面火焰延伸。所以说，木荷树是一种不可多得的防火树。

像酒瓶一样的水瓶树

长在非洲南部的水瓶树，高大粗壮，主干高达几十米，直径2米多，远看酷似一个巨大的啤酒瓶。此树除“瓶口”有稀少的枝条树叶外，其他别无分枝。所有的水分集中贮存在树干里，藏量可达一吨左右，所以水瓶树既不怕干旱，也不怕火烧，即使附近的灌木丛林都烧光了，它依然如故，最多只是毁损一些枝条树叶，次年雨季一到，又会长枝长叶。

厚厚的树皮不怕烧

叶松树也是能够“劫后独生”的树。因为落叶松挺拔的树干外面包裹着一层几乎不含树脂的粗皮。这层厚厚的树皮很难被烧透，大火只能把它的表皮烤煳，而里面的组织却不会被破坏。即使树干被烧伤了，它也能分泌出一种棕色透明的树脂，将身上的伤口涂满涂严，随后凝固，使那些趁火打劫的真菌、病毒及害虫无隙可入。因此，叶松也是熊熊林火中令人瞩目的“英雄树”。

不怕火烧的植物说奇其实也不奇，这是它们在漫长的进化过程中，逐渐形成的一种自我保护能力而已。

拓展阅读

我们知道，树木遇火即燃。然而，在自然界中，有些树木不仅不怕火烧，而且还能灭火。这种树就是人称森林火灾“克星”的灭火树。生长在非洲丛林中的樟柯树，就是一种奇特的灭火树。有一位科学家曾对这种树防火的敏感性进行试验，他有意站在樟柯树下用打火机打火吸烟，谁料火光一闪，顿时从树上劈头盖脸地喷出了白色的液体泡沫，使打火机的火顿时熄灭。

会“翩翩起舞”的草

舞草又名跳舞草、情人草、无风自动草、多情草、风流草、求偶草等，属豆科舞草属多年生的木本植物，喜阳光，呈小灌木，盆栽高70～100厘米，地栽可达1.5～2米，各枝叶柄上长有3枚清秀的叶片，当气温达25℃以上并在70分贝声音刺激下，两枚小叶绕中间大叶便“自行起舞”，故名“舞草”，非常有趣。

生长习性

舞草为豆科舞草属的植物，喜阳光和温暖湿润的环境。茎单一或分枝，圆柱形。叶为三出复叶，侧生小叶很小或缺而仅具单小叶；托叶窄三角形，通常偏斜。苞片宽卵形，开花时则脱落；花梗开花时长1～4毫米，并被开展毛。成熟时沿背缝线开裂，疏被钩状短毛，花期7～9月，果期10～11月。

会跳舞的舞草分布在印度尼西亚、马来西亚、泰国、斯里兰卡、老挝、尼泊尔、印度、缅甸、不丹以及我国的广东、四川、贵州、广西、福建、云南、江西、台湾等地。它耐旱，耐瘠薄土壤，常生长在丘陵山坡或山沟灌丛中，或海拔2000米的山地。

“紧张性睡眠”

舞草即便在午夜“睡眠”状态下，小叶也仍在徐徐转动，只是速度比白天慢。每当夜幕降临，舞草便进入“睡眠”状态，叶柄向上贴向枝条，顶小叶下垂，就像一把合起的折刀。随着晨曦的到来，它的叶腋角度增大，顶小叶被撑开。如果在舞草进入“梦乡”以后，将它的顶生小叶往上抬，就会发现它在下垂时仍然保持着一定的紧张状态。叶腋的角度和顶小叶与叶柄的角度难以随意改变。它的叶柄上举、顶小叶被压下，是由于在顶小叶及整个复叶的叶柄部有一群细胞增加了膨压所致；在白天正常状态下，增加膨压的却是叶柄处位置正

好相反的一群细胞。

舞草为什么要进行这种“紧张性睡眠”呢？我们知道，植物在白天进行光合作用时，叶片采取与地心引力方向垂直的开展姿势，一致的下垂姿势，就减小了能量的消耗。这也是植物在长期的演化过程中形成的一种适应方式。

“跳舞”之谜

舞草“跳舞”，并非整个植株在运动，引起人们兴趣的所谓舞蹈，是它的一对侧小叶能进行明显的转动：或做360度的大回环，或做上下摆动。同一植株上各小叶在运动时虽然有快有慢，却颇具节奏。时而两片小叶同时向上合拢，然后又慢慢地分开平展，似蝴蝶在轻舞双翅；时而一片向上，另一片朝下，像艺术体操中的优美舞姿；有时许多小叶同时起舞，此起彼落，蔚为奇观。

这是因为其每叶的两侧生线形小叶，在气温不低于22℃ 时，特别在阳光下，会按椭圆形轨道急促舞动，加上其本身就轻盈秀美，因而一摆动时就会显得特别优美。但舞草侧小叶的转动既不像含羞草那样由外界刺激引起，也不似向日葵那样有明显的趋光性，其我行我素，别具一格。这种运动现象在植物界确属罕见。

另外，舞草不是只能观赏没有实际用途的“花架子”，舞草还具有药用保健价值，全株均可入药。据《本草纲目》记载，该草具有祛淤生新、舒筋活络之功效，其叶可治骨折，枝茎泡酒服，能强壮筋骨，治疗风湿骨疼。

拓展阅读

关于舞草还有一个非常凄美的传说。古时候，我国云南西双版纳有一位美丽善良的傣族农家少女，名叫多依，她天生酷爱舞蹈，且舞技超群。她常常在农闲时间巡回于各族村寨，为广大贫苦的老百姓表演舞蹈。身形优美、翩翩起舞的她好似林间泉边饮水嬉戏的金孔雀，又像田野上空自由飞翔的仙鹤，观看她跳舞的人都不禁沉醉其中，忘记了忧愁，忘记了痛苦，甚至忘记了自己。天长日久，多依名声渐起，声名远扬。

后来，一个可恶的大土司带领众多家丁将多依强抢到他家，并要求多依每天为他跳舞。多依誓死不从，以死相抗，趁看守不注意时逃出来，跳进澜沧江，溺水而亡。许多穷苦的老百姓自发组织起来打捞上多依的尸体，并为她举行了隆重的葬礼。后来，多依的坟上就长出了一种漂亮的小草，每当音乐响起，它便和节而舞，人们都称之为“跳舞草”，并视之为多依的化身。

其他怪异植物

在这个美丽多姿的植物王国里，我们不仅能感受到绿色的生机，领略到绚烂的多彩，享受它们带给人类的新鲜氧气，更有它们的一些令人惊讶的行为，让我们深深地震撼于造物主的神奇与伟大。

像晚上会发光的树，它的树芽儿在月色如水的夜里随风摇曳，熠熠生辉，宛若人间灵境；还有可以自己寻找水源的植物，它们将自己变成一个圆形，继而紧紧地跟随着风的脚步，去寻找滋养自己的清源；还有那不起眼的仙人掌，它们单靠呼吸，就可以让自己活得很好。

会发光的叶子

在中国贵州省三都水族自治县的原始森林里，曾新发现了5棵罕见的夜光树。在没有月亮的夜晚，当地人会看到这样一幅奇景：在一棵大树的枝杈上，有成百上千个10多厘米长的月牙儿正在闪着荧光。当微风吹过的时候，千百个小月牙儿轻轻地摇啊摇，好看极了。原来那小月牙就是“夜光树”上会发光的叶子。

1983年，在中国湖南省南县沙港乡，人们发现了一棵能发光的杨树，这棵树的直径有23厘米。4月7日，这棵树被砍伐并剥掉树皮之后，竟然在晚上发起光来，就连树根和锯下的木屑也一样放光。一根1米长、5厘米粗的树枝，其亮度就相当于一支5瓦的日光灯，但随着树内水分的蒸发，亮度也就一天一天地减弱。而树枝受潮以后，亮度又会增加。

叶子为什么会发光

这些叶子为什么会发光呢？这是因为这些植物体内有特殊的发光物质——荧光素和荧光酶。生命活动过程中要进行生物氧化，荧光素在酶的作用下氧化，同时放出能量，这种能量以光的形式表现出来，就是我们所看到的生物光。生物光是一种冷光，

↑野燕麦

它的发光效率很高，有95%的能量可以转变为光，而且光色柔和、舒适。

随风“走”的苏醒树

一株植物，除非有人移动，否则一辈子都在一个地方定居，这似乎是天经地义的，但是，确实有能够“行走”的植物，它的名字叫苏醒树。这种树能自己行走，自由地调整自己的活动地点。这种植物在水分充足的地方能够安心地生长，而且十分茂盛。最奇妙的就是一旦干旱缺水，它就会把根从泥土中抽出来卷成一个球体，一起风就会随风飘走,遇到有水的地方，它就会落下来，停留在此处，把根插入水中，又开始它的新生活。这就是苏醒树为什么也叫“奇迹树”的原因，只要它移动自己，就可以一直存活下去。

步行的仙人掌

在南美洲秘鲁的沙漠地区，生长着另一种会“走”的植物——“步行仙人掌”。这种仙人掌的根是由一些带刺的嫩枝构成的，它能够靠着风的吹动，向前移动很大的一段路程。根据植物学家的研究，“步行仙人掌”不是从土壤里吸取营养，而是从空气中吸取的。

拓展阅读

会爬行的动物到处可见，可你见过会爬行的种子吗？野燕麦的种子就具备“爬行”的本领。野燕麦的种子外壳上有一根长芒。芒的中间呈膝状弯曲。长芒又分为芒针（上部）和芒柱（下部）。野燕麦种子的爬行只能向前而不能后退，如果遇到地缝，它们就直接钻了进去。当外界条件适宜时，就在那里萌发生长。野燕麦的这种“爬行运动”，不仅保护了种族，也更好地繁殖了后代。

血树
Dracaena

第三章

植物是如何生存的

大家都知道，人要长高长大，需要吃食物等来补充营养，其他动物也如此。那植物呢？植物从小小的种子，到生根发芽，到开花结果，是靠什么生存下来的呢？植物生存所需要的养料是什么？那些养料是从哪里来的？

走进植物的情感世界

在我们生活的地球上，并不是只有人类和动物才懂得爱和恨。植物也有“爱恨”之分。当然这种“爱和恨”不是感情的表现，而是体现在生长状况上。有的植物能和睦相处，有的则是冤家对头。

天生的好友与冤家

科学家经过实践证明：洋葱和胡萝卜是好朋友。它们发出的气味可驱赶彼此的害虫；大豆喜欢与蓖麻相处，因为蓖麻散发出的气味使危害大豆的金龟子望而生畏；玉米和豌豆种在一起，两者生长健壮，相互得益；葡萄园里种上紫罗兰，结出的葡萄香甜味浓；玫瑰和百合种在一起，花繁叶茂；在月季花的盆土中种几棵大蒜或韭菜，能防止月季得白粉病。

而另一些植物则是“冤家对头”，彼此水火不容。如丁香花和水仙花不能在一起，因为丁香花的香气对水仙花危害极大；郁金香和毋忘草、丁香花、紫罗兰都不能生长在一起，否则会互不相让；小麦、玉米、向日葵不能和白花草、木樨生长在一起，不然会使这些作物一无所获；另外，黄瓜和番茄，荞麦和玉米，高粱和芝麻等，也都不能种在一起。

重视植物的感情，聆听植物的语言

可见，植物也和人一样，是富有情感的。它们会表现出恐惧、忧虑、愤怒、惊慌、痛苦、呻吟、高兴、悲哀等丰富的情感。那么，在与人类沟通或同外界交流时，植物会使用怎样的语言呢？科学家把植物对外界感应而传出的能量，用微电波引导出来，再把微电波转译成声音，从而发现了一些很新奇的现象：当茄子缺水时，会发出微弱的呻吟声；向日葵获得灌溉与日照时，会发出欢悦的声音。

拓展阅读

研究植物的情感，有着十分重要的科学意义。因为它揭示了所有生物之间的亲缘关系，它告诫人们要尊重所有的生命，不然植物会以独特的方式对人类进行“报复”。如果能让人们按照植物的喜怒哀乐的情感来对待和更好地培育它们，则会促进它们生长、繁衍和增产，来回馈人类，这也可说是一条自然规律。

植物“合唱团”

很多人都知道植物能听音乐，并能伴随音乐“手舞足蹈”，之后便奇迹般地猛长起来。但你知道植物也会唱歌吗？由一组植物组成的“合唱团”曾在日本举行了一场动人的奏鸣曲。这是因为植物和花卉一样，身上能发出一种电振动和脉冲。植物的歌声与它们的种类和所处的环境的不同而不同。在所有植物中，以番茄发出的声音最为嘹亮；光照下的植物被水淹过后，其声音也会变得和谐、动听。植物的歌声还会因陌生人的走过或靠近而停止，或突然提高音调。比如，正在唱歌的麝香百合花在人们边说话边经过时，竟然一起改变了声调，发出类似骂人的声响。

植物的感知记忆能力

植物学家运用现代科技手段又发现了植物的另一奇特现象：每当有凶案在植物附近发生时，植物的“感觉器官”可以记录下这一凶案的全过程，成为可与人们沟通的现场第一“目击证人”。

奥地利因斯布鲁克大学的古植物学家克劳斯·奥格尔与纽约植物学者伯克斯特博士合作，专门研究植物与人沟通的“感知记忆”功能。他们曾用电波记录试验，在一盆仙人掌前安排了一场打斗。之后，他们将这种记录曲线转化成植物语言进行解密，从而了解到了打斗的全过程。最终发现，植物对这场打斗的记忆与真实的现场情况基本吻合。

奥格尔的研究为人们认识植物界开启了一扇新的窗口。植物王国的子民们似乎能够揭示出任何恶意或善意的信息，这种信息比人类语言所表达出的更为真实可信。

↓仙人掌

植物的“生命曲线”

世间万物，各有其性，对植物而言，枝蔓茎干绝大多数都是直向生长的，而有一些植物却是盘旋生长的。如攀援植物五味子的藤蔓就是左旋按顺时针方向缠绕生长的。与此恰恰相反，盘旋在支架上的牵牛花的藤在旋转时，却一律按逆时针方向盘旋而上，如果人为地将其缠成左旋，它生出新藤后仍不改右旋特性。

有趣的“生命曲线”

令人惊异的是，还有极少数植物藤蔓的螺旋是左右兼有的。如葡萄就是靠卷须缠住树枝攀援而上，其方向忽左忽右，既没有规律也没有定式。英国著名科学家科克曾把植物的螺旋线称为“生命的曲线”。

植物体内的“螺旋基因”

植物的枝蔓茎干为什么会出现左右旋转生长的现象呢?一般认为，这是由于南北半球的地球引力和磁力线的共同作用。而最新的研究表明，植物体有一种生长素能控制其器官(如茎、藤、叶等)的生长，从而产生螺旋式的生长（攀援），这是个遗传问题。

那么，遗传又从何而来?近年来，科学家通过研究认为，遗传的发生也与地球的两个半球有关。远在亿万年

↓植物的藤蔓

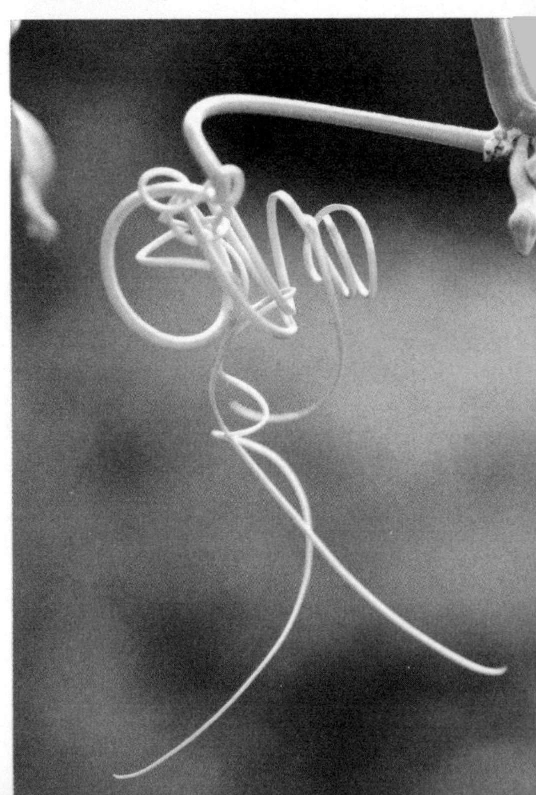

以前，有两种攀援植物的始祖，一个在北半球，一个在南半球。植物为了得到充足的阳光和良好的通风，紧紧跟踪东升西落的太阳，漫长的进化过程使它们形成了相反的旋向，而那些起源于赤道附近的攀援植物由于太阳当头而没有固定的旋向，便成为左旋和右旋兼而有之的植物。

拓展阅读

如果有人说植物是有血型的，你会相信吗？千真万确！植物同人类一样，也有“血型”之分。例如苹果、草莓、西瓜为O型，枝状水藻等为B型，李子、葡萄、荞麦等属于AB型。只是至今未发现A型植物。植物本无血液，何以有血型之分呢？这是因为植物体内相应存在汁液，这种汁液细胞膜表面同样具有不同分子结构的类型，这也就是植物也有血型的奥秘所在。

植物的“左右撇子”

生活中，人有“右撇子”和“左撇子”之分，统计数字表明，右撇子是左撇子的7倍。有趣的是，生物学家经过研究发现，植物也分左右撇子，它们的叶、花、果、根、茎能向右或左旋转。如同右撇子的人右手发育强壮有力那样，右撇子植物的右边叶子生长也强壮，左边则相对差些。

锦葵和菜豆是植物中左撇子的典型例子。生物学家发现，锦葵的左旋叶子是右旋叶子的4.6倍，菜豆的左旋叶子则是右旋叶子的2.3倍。与此相反，大麦和小麦都是右撇子，大麦的右旋叶子是左旋的17.5倍。

↓锦葵

植物没有“大脑”也很聪明

人们常把失去意识和感知能力但能维持生命的人称为“植物人”。事实上，这样的称呼对植物是不公正的。既然植物能够在漫长的地球历史和不同的生存环境下顽强地生存下来，并不断繁衍生息，发展进化，那么它一定有其“生存智慧”。

植物顽强的生存力

植物种子总是被我们横七竖八抛在土地上，但最终它们生长时，根总能往地下扎，茎总能向上生长，各有所向，似乎这是天经地义的事情。经过科学家研究表明，这是植物为适应环境而发生的一种生理单方向反应，被称为“向性”。植物的生命力是如此的顽强，具有那么多奇特的生存技巧和智慧。在全球一体化、竞争日益激烈的今天，植物越来越像我们的老师：在心灵休憩的片刻，当我们静静享受绿色带给我们的惬意的同时，仔细想想植物的生存智慧，也许我们还能从它们身上汲取一些坚韧的力量。

千姿百态的“根”

植物的根是它们赖以生存的基础，千姿百态的根形态如贮藏根、支柱根、板状根、气生根、寄生根和附着根等，揭示了植物为了生存及适应环境而进行功能分化的能力。

萝卜、甜菜、甘薯等膨大变态的根是植物贮藏脂肪、糖分和淀粉等养料的地方。

玉米等在近地面的植物茎上长出的许许多多支持根，一方面用来吸收土壤中的矿质营养和水分，另一方面起到支撑作用。

在热带雨林中，许许多多的高大植物都长有奇特结实的板状根，原因在于热带雨林雨量充沛，植物枝叶繁茂，许多植物树冠很大，板状根能有效地防止大树倾倒。

强风地区的植物常常表现为植物的根系特别发达，足够用来与风抗争。

一些生于水中或在湿度很大环境中的植物如落羽杉、红树等为抵抗缺氧而生成呼吸根，从而不被窒息。

有一些植物在长期的演化过程中，成为寄生植物（如菟丝子），导致叶退化，不再主动进行光合作用，当它盘旋到别的植物身上以后，茎上就长出一个个突起的小“疖”，这小“疖”能突破被绕植物的茎干和叶，拼命吮吸寄生植物的营养和水分，这个“疖”就是寄生根。

自然界中一些植物的茎细长柔弱，节上长有无数附着根，能分泌黏液，用来攀援它物从而向上生长，争取吸收充足的雨露阳光，如爬山虎、常春藤、牵牛花、紫藤等等。这是植物由于自身生理原因而适应环境变化的一种长期演化现象。

最为奇特的变态根要数生活在热带地区森林中的大王花状瓜子金根，它的身上长满鼓鼓囊囊的花瓶状的叶，“花瓶”的上方开有口子，雨季一来便被灌满了水，即便滴水不进，它们仍能生存几年，只是“囊”中的水少了一些而已。

↓爬山虎

千奇百怪的“茎”和“叶”

植物的另一个重要器官是茎，在适应环境、生存竞争的过程中，茎也具有非常重要的作用。

形态各异的变态茎，如丝瓜、黄瓜等由小枝变态而来的茎卷须，使得本身柔弱的茎干可以依靠卷须攀援和缠绕其他支持物生长。

生长在干旱区域的仙人掌类植物的茎成叶片状，叶完全退化或成鳞状、刺状，茎叶内有叶绿体可代替叶片进行光合作用，最大限度地减少叶面积，以防止水分蒸发。

纺锤树生长在南美洲，能长到30米高，两头尖细中间膨大，最粗的地方直径可达5米，远远望去很像一个个巨型的纺锤插在地里。纺锤树树干里面贮水约有2吨，它在雨季时拼命吸收大量的水分贮存起来，到旱季时供应自己的消耗。

植物第三个重要的器官是叶。一些植物生活在缺少营养物质的环境中，为了生存和繁衍后代，叶片的一部分或全部变态成为瓶装或盘状，专门捕食一些小虫子作为生长中不可缺少的营养物质，如猪笼草。

令人称奇的繁殖方式

植物的繁殖方式也是“八仙过海，各显神通”，在一些热带近海的沙滩上，生长着一种特殊的胎生植物——红树。这种红树的种子成熟后并不脱落，而是悬挂在母树枝条上继续发育，直到长成具有支撑根和呼吸根的棒状幼苗，成熟后会像一把剑一样插到海滩的泥地上独立生长。

陆地上的植物，几乎都在地上开花，地面上结果，而落花生是在地上开花，果实一定要在黑暗的环境里才能长大。开花以后的第四天，它的子房柄（果）伸长，向土下生长，大约经过50天，果实便成熟了。科学家推测，这可能是为了防止动物啃食的主动防御行为。

拓展阅读

我们说，一种生命的形态特征是这个生命适应环境的表现。在这点上，植物的主要器官根、茎、叶所展示出来的形态特征就超过了我们的想象，表现出了非常“智慧”的行为。一些学者甚至认为植物所具有的“智慧”有时候超过动物，甚至人类。

植物传粉有“策略”

由于有花植物固定生长的习性，它们的有性生殖依赖于成功的花粉传递。花粉传递之所以重要，在于其中包裹着精子。除少数植物能进行白花授粉之外，大多数植物需要外力的帮助才能实现传粉。据估计，2/3以上的植物是靠昆虫授粉。如果缺乏传粉媒介，精子输送受阻，将导致花不能受精结实。因此，能否将花粉顺利输送到合适的柱头之上，决定了花儿的命运。花粉携带精子的飘动，很大程度上决定了植物的交配方式，并且影响后代的遗传组成，从这个角度上看，花粉的命运就是植物未来的命运。

传粉也要“动脑筋”

尽管有花植物不能像动物那样通过个体的移动来实现交配，但是植物发展了多样的策略来调控花粉的命运和交配的形式。

一种植物的花粉，只有被运送到同种植物的个体上，才会维持种族的延续，否则就会浪费花粉。有着鲜艳颜色花朵的植物，能够吸引某种传粉动物的注意，但是如果同域的其他种植物采取同样的策略去吸引这种传粉者，那么传粉者就会采食多种植物，从而引起花粉在不同植物之间传递，造成传粉的不精确和浪费。为了减少这种不利现象的发生，植物往往会采取其他的策略——如产生不同的花色吸引其他的传粉者，或产生特殊的花部结构、有毒的化学物质等限制某些动物访花。如果不幸只能够利用同一种传粉者，那么植物可以选择在不同的时间开花，分时段利用传粉者；或者产生不同的花部结构，让自己的花粉落在传粉者的不同身体部位上，在共享某一传粉者的同时避免花粉混杂。

植物的诱惑与报酬

植物常常靠搭配彩色图案、散发不同气味吸引动物来访。然而，仅仅只引起传粉者注意是不够的，它们还需要提供适当的报酬，以补偿传粉者

↑植物靠靓丽的花色来吸引传粉者

的能量消耗。人类收集植物的花粉和花蜜，是因为两者都是富含营养的食品。植物除了准备一部分花粉用于受精之外，花粉和花蜜是提供给传粉者的劳动报酬。

各种传粉“策略”

昙花是原产热带美洲墨西哥等地的仙人掌科附生植物，别名“月下美人”。它们通常在夜间八九点以后开花，花瓣迅速展开，大小接近荷花，花香四溢，但花开3～4小时后花瓣闭合，只有等来年夏秋季节才能再睹芳容。昙花开花的时间很短，所以有成语“昙花一现”来形容稍纵即逝的事物。尽管如此，昙花能够释放特殊的香味，并且会展开大而白的花瓣来吸引夜间活动的蝙蝠、蛾类为其授粉。白天开花的植物往往利用鲜艳的颜色——多为黄色、紫色、蓝色或红色——吸引白天活动的动物传粉。夜间光线暗淡，气味就成了植物引诱传粉者的一个重要途径，此外，夜间开放的花常为白色，也便于蛾类、蝙蝠等夜间活动的动物借助月光、星光，在黑暗中发现花朵。

也有些植物既可以利用白天的传粉者，又可以利用夜间活动的昆虫进行授粉。例如，忍冬科植物金银花，因其花有黄、白两色而得名。对这种植物的研究发现，白天有蜂类访花，夜间有蛾类昆虫访花。蜂类虽然从花药中移出了较多的花粉，但也消耗了大部分花粉，相对而言采食花蜜的蛾类传粉效率更高，且可将花粉散布得更远，所以金银花通常在黄昏后开花，先让蛾类传粉。

还有一种兰花，在微风吹动下很像一群舞动的蜜蜂。真的蜂群为了保护自己的领地不受侵犯，立即群飞而来，向兰花发起反复的攻击。然而它们哪里知道，这种攻击恰恰替植物做了一件最有意义的事：传播花粉。

给传粉者的“报酬”

如果传粉者访问了某种植物的花，却发现没有报酬或报酬已经被其他传粉者取走，传粉者就会留下记忆，转而去寻找其他植物的花，以避免徒劳无获。有些“好心”的植物还会通过花色变化提示传粉者花内报酬的现状。当花被传粉者造访之后，花的颜色发生改变，让新开的、含有高“报酬”的、还未传粉的花更为显眼。这样，不仅传粉者可以提高觅食的效率，未授粉花的被访概率也得到了保证。

拓展阅读

有些植物对自己的“媒人”非常挑剔，往往只吸引为数很少的几种动物。在极端的情况下，甚至仅吸引一种昆虫或其他动物为其传粉。大有“非此君做媒，誓不出嫁”的意思。而传粉者呢？对此也颇“心领神会”，往往相应地演化出一套非常独特的结构和行为，刚好能够满足该植物传粉的需要。于是，两者互相依赖，互惠互利，形成了十分紧密的联姻关系。其巧妙之处，令人称奇。

↓花粉传播

植物有心脏吗

植物有心脏吗？回答这个问题之前，我们可以先想一想，人是靠什么克服地球引力的？是靠什么将血液输送至全身的？我们肯定会说：当然是心脏！完全正确。植物的生长同样离不开“血液”，那植物又是怎样克服地球的引力，将水分从根部输送到高处的呢？植物是否也有心脏呢？

植物是如何运输营养的

研究人员对植物内部构造进行研究时，就发现植物的枝干、草茎里有许多细小管道，科学家们称它们为毛细管。有一种包含植物营养和生长所必需的物质的强力液，在这些毛细管道里自下而上地流动。奇怪的是，单凭毛细管怎么能把从土壤中吸取的营养物质输送到红杉树等参天大树顶部呢？

植物的“渗透现象”

直到19世纪，植物学家发现了植物的渗透现象，植物水分输送问题才得到了解释。简而言之，“渗透现象”是指水穿过细胞膜的一种单向移动。这种膜可以顺利渗进水，但细胞中的溶解盐或糖分子却别想逃出去。水穿过这种膜进入溶液浓度较大的地方。在植物体内，细胞内溶液的浓度从根部到枝干和茎叶逐渐增大。溶液浓度这种由一个细胞向另一个细胞“接力”的传递方式，才能保障液体通过细小的管道，沿着树干而逐渐升高。

植物气味的语言

植物的气味大致上可以分为五种：邀请语言、警告语言、驱赶语言、求救语言和应答语言。

邀请语言

瓜果成熟了，发出诱人的香味是为了让鸟类兽类吃其果实，这样瓜果中的种子会随粪便播撒到远处，也是为了告诉鸟兽快来吃果实，不成熟时是不香的。

↓植物缺乏营养会只开花不结果

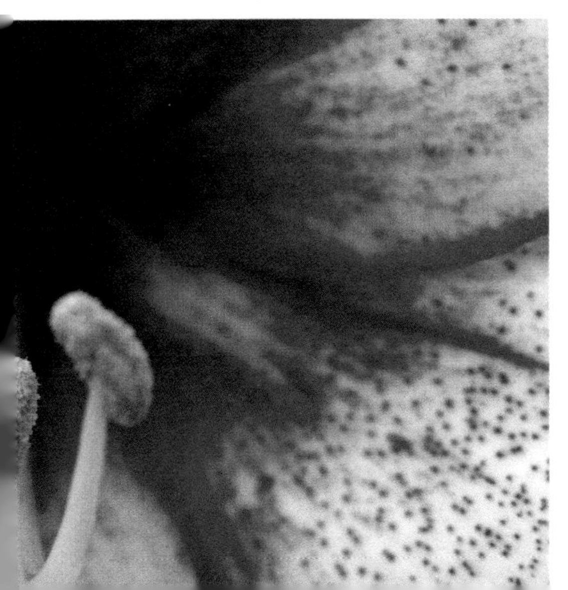

警告语言

植物散发出气味，好像在说："我有毒，请勿靠近。"但一部分动物则不怕："我能解你的毒"，照吃不误。所以，植物不能防一切动物，动物不能吃一切植物，植物和动物都得以生存下来。这种谁能吃谁的关系相当稳固。

驱赶语言

一些植物的茎叶被昆虫咬破之后，就发出不太好的气味。我们会发现有些黄瓜皮苦，就是昆虫爬过造成的。红薯、梨等多种瓜果被虫咬过的部位也苦，昆虫就停止进食。

求救语言和应答语言

某些植物在遭到大量昆虫进攻时，它们会向周围的同种植物发出求救信号，周围植物闻到求救气味时，在自身未受侵犯时也发出驱赶气味，使昆虫被迫退却，这种未遭进攻而发出气味的行为叫应答语言。

植物界的“包住不包吃”

“附生现象”是指两种生物虽紧密生活在一起，但彼此之间没有营养物质交流的一种生命现象。一种植物借住在其他植物种类的生命体上，能自己吸收水分、制造养分。这就是植物界的“包住不包吃”，被称为附生，也叫做“着生”。

植物独特的“附生现象”

附生植物的种类比较丰富，从低等植物到高等植物都有附生现象。据统计，全世界约有附生植物65科850属3万种。附生现象是植物对大自然的一种进化适应，植物的生命力很强，其种子只要遇到合适的条件，就能生根发芽。“附生现象”发生的条件须具备种源、腐殖质（土壤）、水分等因素。如当种子被风吹起或由鸟类进行传播时，偶然落在符合生存条件的活树或枯萎的树干上也能成长为附生植物。

附生植物最普遍的是附生在寄主植物枝干的分叉点，因为这些地方最容易堆积尘土，有的低等植物甚至附生在叶片上，除了附生叶片的植物会对寄主的光照条件造成一定的影响外，附生植物一般不会对寄主造成损害。

华丽新衣——植物的相互“附生”

植物的附生现象是热带雨林的主要标志性特征之一。形成这种现象的原因主要是为了满足一定的环境条件。热带雨林中的空气湿度大，大多数植物（寄主）表面具有一定的腐殖质。有机物的附生现象存在于植物间，尤其在热带与亚热带的森林最为常见。在南方较大的树木上常附生着许多植物，这些植物主要有蕨类植物门、地衣门、苔藓门,有双子叶植物的杜鹃花科，有单子叶植物纲的兰科植物等。这些地衣、蕨类、苔藓以及兰科等的植物附着在乔木、灌木或藤本植物的树干和枝丫上，就像为它们的寄主披上了华丽的新装。

美丽的空中花园

在热带雨林，有时一棵大树上附生的植物达数十种。花开季节，这些附生植物的鲜花争相怒放，绚丽多彩。一串串一簇簇悬垂附生的花朵开满树干和树头，散发出宜人的馨香。放眼四望，就像一座美丽的“空中花园”，让人们以为自己置身于仙境之中，令人心旷神怡、流连忘返。

这正是热带雨林中特有的景观，是附生植物演绎的一场魔术盛宴。

多变的“附生现象”

在北京西部山区有一个村，据说这个小山村在过去的明、清两个朝代出过数位举人和进士，这个村的北面有个古庙，庙里有数棵古侧柏和古槐树。古侧柏相传栽植于隋朝，距今已有千年，其枝杈间附生着的桑树，桑树高3～4米，且果实累累。当地人尝试着吃了一颗，桑果间竟然夹杂着一种柏树味。

在这株古柏上，除了附生的桑树外，还附生了两株大的荆条灌丛，且年年开花结果。这个古庙里还有一个现象就是柏抱榆，也算是附生现象。古柏年龄近千年，而榆树不过几十年。古柏和榆树的高度都在10米到20米之间，榆树是依靠古柏的腐殖质才生根发芽，直到根系到达地下土壤，借着古柏的力量，它也长成了20米高的高大乔木。

植物附生现象的意义

在生态系统中，附生植物具有多方面的意义：对森林生态系统多样性的形成及其维持养分和水分循环都有一定的作用，另外附生植物对环境变化还具有指示作用等。人类活动也会影响附生现象的存在：人类活动剧烈的地方，附生现象会大大降低，甚至消失，这也是附生植物对环境质量具有指示作用的表现。

拓展阅读

在热带雨林中，植物生长茂密，由于植物之间争夺阳光的竞争比较激烈，相比之下，附生植物更容易获取来之不易的光源。附生植物在形态和生理上，已具备非常适应的特性。比如鸟巢蕨的形态似鸟巢状，可以截留尽量多的雨水以及枯落物、鸟粪等，为自己储存水分并提供营养物质。

会欣赏音乐的植物长得更壮

动物脑体内有一块音乐区，能感受音乐的作用。法国的植物学家兼音乐家斯特哈默通过生动的试验证实：植物对音乐相当敏感。他通过给番茄树每天弹奏3分钟的特定曲目，使得该树的生长速度提高了2.5倍，而且长出的番茄既甜又耐虫害。因而斯特哈默认为，这得益于音乐的神奇作用。

人类为植物创作音乐

斯特哈默创作这些曲目时颇费心思，以植物细胞色素氧化酶来说，他必须首先通过精确的物理实验来分析出该酵素的氨基酸顺序，然后再利用量子物理学的一些专业知识计算每个氨基酸的振动频率，最后，再将这些振动“转译”成植物能够听到的音乐频率。

植物是如何听着音乐生长的

并不是任何一首曲目都能触动植物的音乐敏感区，曲目的选择大有讲究，这也正是科学与艺术的微妙区别。按斯特哈默的研究，音乐中的每一个乐章都应该对应植物体内蛋白质的某一个氨基酸分子，一首曲子实际就是一个蛋白质完整的氨基酸排列顺序。这样，植物听到这一曲目时，体内的某些特殊酵素就会更加活跃，从而促进植物的生长发育。

植物真的“懂”音乐吗

动物具有听觉，对音乐有所反应是很易理解的。令人惊异的是，被人们认为是“无知无情”没有听觉的植物居然也能欣赏音乐。不仅如此，有时让它们欣赏音乐后还会产生奇妙的效果：促进生长。在我国云南西双版纳生长着一种会听音乐的树。当人们在树旁播放音乐，树的枝干就会随音乐的节奏而摇曳起动，树梢上的树枝树叶，则会像傣族少女在舞蹈中扭动身姿一样，随音乐做180度的转动。音乐停止，小树就会立即停止舞蹈，静了下来。有人对这“音乐树”作了细致观察：发现在播放轻音

乐或抒情歌曲时，小树的舞蹈会跳得越发起劲儿。音乐越优美动听，舞蹈越婀娜多姿；但当响亮的进行曲奏起，或是让小树听某种嘈杂或震耳的音响，小树的“舞蹈”马上会停下来。

植物“听”音乐也“戴”耳机

对植物听音乐所产生的效果，也有不少有趣的报道。据说，法国科学家曾做过如下的试验：通过耳机向正在生长中的番茄播放优美的轻音乐，每天播放3小时。欣赏音乐的番茄竟长到4千克之重，成了当年的“番茄大王”。不光是番茄，其他不少植物也似乎有着音乐细胞，英国科学家用音乐刺激法，培育出了几千克重的大卷心菜；苏联用类似的办法种出了2500克重的萝卜以及像足球那么大的甘薯和篮球大小的蘑菇。我国有人用超声波音乐处理小麦、玉米、水稻和棉花，其结果是小麦的种子出芽率、水稻出苗率都大大提高，各种作物的生长期则有所缩短，并增产显著。

欣赏音乐的植物长得更快更强壮

科学研究表明，音乐是一种有节奏的弹性机械波，它的能量在介质中传播时，还会产生一些化学效应和热效应。当音乐对植物细胞产生刺激后，会促使细胞内的养分受到声波振荡而分解，并让它们能在植物体内更有效地输送和吸收。这一切都有助于植物的生长发育并使它增产。

而我国一些科学家通过研究发现，在一般情况下，苹果树中的养料输送速度平均是每小时几厘米；在和谐的钢琴曲刺激下，速度则提高到了每小时一米以上。科学家还发现，适当的声波刺激会加速细胞的分裂，一旦细胞分裂快了，植物自然就长得快，长得大。

知/识/链/接

任何事都有个限度，如果声波过强，就会导致植物细胞完全破裂坏死。美国科学家曾做过一种“对照实验”：把20多种花卉均分成两组，分别放置在喧闹与幽静两种不同环境中，进行观察对比。结果表明，噪声的影响能使花卉的生长速度平均减慢40%。人们还发现，在噪声强度为140分贝以上的喷气式飞机机场附近，农作物产量总是很低，有不少农作物甚至会枯萎。

拓展阅读

在巴西生长着一种名叫“莫尔纳尔蒂”的灌木。这种灌木在白天会不停地发出一种委婉动听的乐曲声；到了晚上，它又会连续不断地发出一种哀怨低沉的啜泣声；等到天亮时，它又发出悦耳动听的乐曲声。一些植物学家研究后认为，这种灌木能白天“笑”晚上“哭”，发出不同的声响，与阳光的照射有密切的联系。

懂得保护自己的植物

植物也有防御和传递信息的智慧。墨西哥的瓢虫在吃西葫芦叶子时，咬出一张“邮票”，然后躲在信息不能被传递的“邮票”中心进食；正常情况下，羚羊在吃洋槐时，会跳跃着在不同的树之间进食。这些动物的“诡计”正是对付植物过人智慧的表现。

羚羊为何拒绝美食

羚羊爱吃洋槐，然而当羚羊被拴在洋槐树后不久，它们却开始拒绝吃一直很爱吃的洋槐叶而活活饿死。科学家在解剖后才发现，这是因为洋槐叶含有一种不能消化的“丹宁”，因而羚羊的胃里会堆积大量的不能被消化的洋槐叶，导致羚羊死亡。

有人用棍子敲打洋槐的矮树枝，每隔一刻钟对树叶进行一次分析，发现丹宁的数量会有规律地增加，被“虐待”两小时后，丹宁的含量达到了起初的两倍多。停止袭击100小时后，丹宁比率才恢复正常。研究继续进行，位于一株被“揍”的洋槐半径3米之内的其他洋槐未被敲打，但是，它们的丹宁含量也都增加了。

实验结果表明：因为被拴住的羚

拓展阅读

很多植物都充满着智慧，就拿仙人掌来说，它身上的刺是由叶子退化而成的。仙人掌一般生长在干旱的沙漠地区，那里雨水少，蒸发强烈，为了适应干旱生活，它将叶片退化成针状，缩小水分蒸发的面积，以绿色肥厚的肉质茎代替叶片进行光合作用。这种由叶子退化而成的刺叫做“叶刺”。这种刺不仅是生命进化的需要，还是保护自己的有力武器。

不仅仙人掌，还有很多植物长有刺，蔷薇、玫瑰、月季等。植物浑身长刺看似很可怕，其实对它们的生存是非常有利的。人或动物看到全身长满尖刺的植物，往往会犹豫不决，退避三舍，这对植物来说就增加了一份安全感。

羊只能不断地啃食同一株洋槐树叶，洋槐便增加丹宁以让羚羊拒食。洋槐之间有着传播信息的“语言”，洋槐间通过非常简单的气体传递信息，以告诉同伴危险的来临。

↓懂得保护自己的植物（仙人球）

植物自造的温暖“小窝”

动物有调节体温的绝招不足为奇，但一些植物也有这个本领，而且，它们的技巧还更加奇妙。

植物自造的“KTV包房”

秋天的气温逐渐下降，这时，出没在巴西丛林中的圣甲虫开始感到了寒意。于是，它们开始在身边的植物中穿梭，想找一个比较暖和的地方取暖并歇息。很快，圣甲虫就找到了一个相当理想的休闲场所——喜林芋营造的花房。这个花房其实是个“小暖房”，气温比外面要高出约10℃。来到如此温暖的地方，圣甲虫感到非常惬意，它们开始闲逛、用餐和交配，简直把这个“小暖房”当成了自己娱乐消遣的“KTV包房”，而且一待就是10多个小时。

科学家发现，喜林芋“小暖房”的保温功能的确很强大。在实验室里，科学家们把环境温度降到了4℃，但喜林芋花叶中的内部温度仍然保持在30℃以上。你不禁要问：喜林芋营造这么好的“小暖房”是为自己取暖用的吗？

为“客人”营造的小暖房

经过科学家观察后发现，喜林芋的“小暖房”其实是专门为吸引和接待圣甲虫营造的。难道它们是在为圣甲虫做无私奉献吗？它们当然没有那么高尚。科学家发现，其实喜林芋是在用自己的“小暖房”——“KTV包房”和圣甲虫“做生意”：它们为圣甲虫提供“休闲娱乐场所”，帮它们恢复体力，而圣甲虫则要把从喜林芋雄性花朵身上携带来的花粉“支付”给雌性花朵，或者从雄性花朵这里把花粉免费运走。

看来喜林芋这种植物真是太聪明了，它们虽然不会自由走动，却有办法让那些非常善于走动的昆虫为它们服务，帮它们传宗接代。如此聪明的植物还不只喜林芋一种。科学家发

↑有些动物靠植物散发的热量来取暖

现，海芋这种植物也会借助花中一个指状的突起物来营造“小暖房”，以此来和丽蝇“做生意”。此外，臭菘、葛芋、荷花等植物也有这种本领。科学家证实，一些恒温植物为“小暖房”输送热量的能力不亚于某些昆虫散发热量的能力。在寒冷的冬天，这些热量甚至可以融化堆积在它们身上的积雪。

拿什么当“柴火”

长久以来，人们一直没有搞清楚，这些恒温植物究竟是靠什么来为“小暖房”提供热量的，也不清楚它们究竟是采取什么方式来感受环境温度变化，以变应变的。近年来，科学家在寻找给人和机器巧妙保温办法的时候，又再次把视线投向了这些植物。

为了找到植物发热所依赖的“柴火”，科学家进行了深入的研究。他们发现，当外界气温在4℃时，葛芋“小暖房”的温度约为38℃；而当外界气温达37℃时，其温度就维持在40℃左右了。这就是说，葛芋“小暖房”处在37℃以下的环境时便开始“点火”，让“小暖房”升温。那它身上究竟是哪种物质对温度的变化如此敏感呢？

经过仔细研究，科学家找到了“小暖房”内的一种生物酶。这种酶在外界气温低于37℃时，就开始活跃起来，外界温度越低，它越活跃，产生的热量越多，像是点燃了的“柴火”，“小暖房”便很快升温了。而当气温超过37℃时，这种酶就安定了下来，这样，“小暖房”就保持在恒温状态了。

拓展阅读

如果仔细考察一下这些恒温植物的家族史，你就会发现，它们的家族史都非常悠久漫长，可见它们是在历尽沧桑之后，才练就了这生存绝技。

为什么说仙人掌是“英雄花”

仙人掌是仙人掌科植物的总称，包括了2000多个品种。仙人掌的真正老家是在墨西哥的沙漠里，同时它也是墨西哥的国花。这些仙人掌形形色色，千姿百态，“盛开”在墨西哥的荒漠。有的长成球形，叫仙人球；有的长得像烧饼，叫仙人掌；有的长成圆柱状，叫仙人柱；也有的长得像鞭子、棍子，分别叫仙人鞭、仙人棒。它们的高度常常超过人头。在墨西哥的下加里福尼，有一株大仙人掌，高达17.69米，重有10吨。如果把它锯倒弄断，要两辆大卡车才能把它拖走呢！

仙人掌——植物里的“骆驼”

沙漠中的仙人掌被人称为“英雄花”，因为它在极端干旱严酷的自然环境中顽强地生长，给沙漠地区带来了蓬勃生机，还能起到阻挡风沙的作用。

仙人掌类植物有一种特殊的保水本领。有人在美国亚利桑那的沙漠里做过一项仙人掌类植物保水能力的试验：他们把一株重37千克的仙人球放在室内，6年不浇水，结果仙人球仍活着，并还有26千克重。因此，人们又把仙人掌植物称为“植物骆驼”。

仙人掌类植物为何有如此强的抗旱能力呢？这是因为它在干旱的环境中，叶退化成了针状，以减少水分的蒸发；茎的表皮则有一层又厚又硬的蜡质作为保护层，有的还生有绒毛，可以防止强光照射而导致水分蒸发。除此之外，它们的细胞内还有一种抗旱机制。它们的细胞质在原生质失水时能保持“结合水”。结合水是以近似结晶水的状态而存在的，不易丢失。这样，它们在干旱时便不会因脱水而死亡。这是很多耐旱植物的共同特征。

恼人的“刺”从哪里来

仙人掌最令人不喜欢的就是它身上的刺。如果一不小心被扎上，不仅疼痛难受，严重的还会出血并导致感

染。这些可恶的刺，其实都是由植物身上的其他器官演变而来。

仙人掌身上的刺就是由退化的叶子变来的。仙人掌的老家在干旱的沙漠地区，那里雨水少，阳光强烈，水分很容易流失。为了适应干旱生活，它们将叶片退化成针状，缩小水分蒸发的面积，以绿色肥厚的肉质茎代替叶片进行光合作用。

其他带刺植物

叶刺——小蘖、洋槐

小蘖、洋槐等身上的刺，也是由叶子退化而成的。所以，这些刺叫做“叶刺”。

茎刺——枸杞、山楂

枸杞、山楂等，它们的刺是茎演变成的，叫做“茎刺”。茎刺有一个特点，就是刺的着生有一定位置，而且从茎的内部产生，和茎的维管束是相连的，一般不容易折断或剥离。即使强行折断，断面也很不平整。

皮刺——蔷薇、玫瑰、月季

蔷薇、玫瑰、月季等所生的刺，由植物的表皮毛和少数皮层细胞变形而成，叫做“皮刺”。这些刺的外形跟叶刺、茎刺很像，但实际上完全不一样，它们与茎的内部毫无关系，着生的位置很混乱，而且很容易剥离，剥离后的断面也很光滑。

刺能带给植物“安全感”

植物浑身长刺看似很可怕，其实对它们的生存是非常有利的。人或动物看到全身长满尖刺的植物，往往会犹豫不决，退避三舍，这对植物来说反而增加了一份安全感。

耐旱冠军

比仙人球更耐干旱的植物是生长在非洲沙漠里的沙那菜瓜，有人把它贮藏在干燥的博物馆里，整整8年，它不但没有干死，还在每年的夏天长出新芽。在这8年中，仅仅是重量由7.5千克减少到3.5千克。这种耐旱的本领，在所有的种子植物中无疑是冠军了。

知/识/链/接

植物体内最多的是水分。一般植物在生长期间所吸收的水量，相当于它自己体重的300到800倍。一株向日葵，一个夏天要喝250000克左右的水。一株玉米，一个夏天也要消耗200000多克水。蔬菜需要的水就更多了。如果一亩地长了1500000克白菜，就要消耗120000万克左右的水。可见，水对植物而言是多么重要。

不太友好的植物界“入侵者”

所谓入侵植物就是指因人为或自然原因，从原来的生长地进入另一个环境，并对该环境的生物、农林牧渔业生产造成损失，给人类健康造成损害，破坏生态平衡的植物。

生命力顽强的外来植物——“假高粱”

在我国深圳蛇口赤湾港有一批大豆。这些大豆来自阿根廷，是汕头一家油脂厂向德国一家期货公司购买的。大豆中掺杂着一些类似黑芝麻的东西。蛇口出入境检验检疫局的检查员说，这种类似“黑芝麻”的东西就是生命力极强的入侵害草“假高粱”的种子。“假高粱”的样子长得像高粱，但茎秆、籽粒中含有少量氰化物。这种植物的生命力极强，如果庄稼地里有“假高粱”，农作物将减产20%左右。不仅如此，“假高粱”的根有很强的穿透力，一株“假高粱”的根系加起来能有1千米长，如果长在堤坝上，对堤坝的安全也会产生不小的威胁。因此，一旦“假高粱”落地生长，消灭起来难度很大。

入侵植物的特点

入侵植物的一个最大特点就是，进入新环境后，生存能力非常强，抢夺了周围其他生物的生存空间和养分。水花生可使水稻减产45%。在广东，薇甘菊往往大片覆盖香蕉、荔枝、龙眼、野生橘及一些灌木和乔木，致使这些植物难以进行正常的光合作用而死亡。在云南省昆明市的滇池草海，过去曾有16种本地高等植物，但随着水葫芦的大肆疯长，大多数本地水生植物如海菜花等失去生存空间而死亡，目前草海只剩下3种本地高等植物。

另外，入侵植物自身可能带有毒素，会给当地动植物带来意想不到的疾病。例如，紫茎泽兰含有的毒素能使马匹和羊患上气喘病，四川省凉山彝族自治州曾因紫茎泽兰入侵而在一年内减少了6万多头羊，畜牧业损失达2100多万元。由于紫茎泽兰对土壤肥力的吸收力强，能极大地耗尽土壤养分，对土壤可耕性的破坏也极为严重。

威胁着人类的传统生活

入侵植物不易铲除，铲除成本也很大。如我国广东、云南、江苏、浙江、福建、上海等省市每年都要人工打捞水葫芦，上海市用于打捞水葫芦的费用一年就超过6000万元，而水葫芦带来的农业灌溉、粮食运输、水产养殖、旅游等方面的经济损失更大。另外，外来入侵生物对人类健康也可构成直接威胁。每到豚草开花散粉的季节，体质过敏者便发生哮喘、打喷嚏、流清鼻涕等症状，体质弱者可发生其他并发症并导致死亡。豚草所引起的“枯草热”更是给全世界很多国家的人民带来麻烦。

入侵植物的危害还不止于此。我国傣族、苗族、布依族等少数民族聚居地区周围都有其特殊的动植物资源和各具特色的生态系统。这些自然资源对当地民族文化和生活方式的形成具有重要作用。但由于飞机草等外来入侵植物不断扩张，逐渐取代了本地植物资源，许多传统的农作物已逐渐消失，古老的生活方式正在被迫改变。

外来植物是如何进入“本地圈”的

外来有害植物的入侵主要有3种方式：一是靠植物自身的扩散传播力或借助自然力量传入；二是通过贸易、运输等方式将一些有害植物带入本土。上面说的在深圳蛇口赤湾港见到的假高粱种子就是通过这种方式进入的。除此之外，国内有些机构和个人在对危害了解不清的情况下，为发展农业生产和美化景观而有意识地引进了一些植物。在这些植物中，也有类似的有害植物。

知/识/链/接

20世纪60年代至20世纪80年代，中国从英、美等国引进了旨在保护滩涂的大米草。近年来，这种植物在沿海地区疯狂扩散，其覆盖面积越来越大，肆意蔓延的大米草不仅破坏了近海生物的栖息环境，还使沿海养殖的多种生物窒息死亡。另外，这种植物还堵塞航道，影响船舶出港；阻碍海水流动，导致水质下降，引发赤潮，并与沿海滩涂植物竞争生长空间，导致本地植物死亡等等。因此，我们应该从源头上堵塞有害植物的入侵渠道。

神奇的世界

第四章

植物家族中的奇珍异宝

植物里的“活化石”到了现在还在生长？看似甜蜜的相思豆居然是含有剧毒的植物？是什么植物在地球上剩下连十棵都不到了？有的含有剧毒的植物居然伪装成了金银花？有一种毒植物俗称“见血封喉”，你知道它生长在什么地方吗？

“百草之王”话人参

人参小档案

别称：　黄参、血参、人衔、鬼盖、神草、土精、地精、海腴、皱面还丹

科：　五加科

分布：我国吉林、辽宁、黑龙江、河北（雾灵山、都山）、山西、湖北等

人参被人们称为“百草之王”，是闻名遐迩的“东北三宝”（人参、貂皮、鹿茸）之一，是驰名中外、老幼皆知的名贵药材，也是我国著名的中医药材，在我国已有上千年的历史。历代中医对人参的功效都很推崇，《神农本草经》中记载人参具有“补五脏，安精神，定魂魄，止惊悸，除邪气，明目”等功效。

人参——一级保护植物

人参是第三纪孑遗植物，也是濒危的中药材。长期以来，由于过度采挖，资源枯竭，人参赖以生存的森林生态环境遭到严重破坏，导致真正的野生人参已经非常稀少，目前已被我国列为一级保护的珍稀植物。

人参的药用部分

人参是非常名贵的中药，为药中珍品。它可以增加人体的热量，增强大脑皮层兴奋过程的强度和灵活性，减少疲劳，提高免疫力。人参顶端的根茎部分还是一种温和的催吐药。它

↓人参叶及果实

的叶子可以治疗咽喉肿痛。人参与其他药配合，可以医治多种疾病，可以说人参浑身是宝。人参主要的药用部分是它的根。人参生长的年代越久，就越贵重。有经验的药农从人参“头”上的凹痕就可以推算出人参的年龄。凹痕越多，人参的年龄越大。

人参的美容价值

人参自古以来就被东方医学界誉为“滋阴补生，扶正固本”的极品。人参的浸出液可被皮肤缓慢吸收，帮助扩张皮肤毛细血管，促进皮肤血液循环，增加皮肤营养，调节皮肤的水油平衡，防止皮肤脱水、硬化、起皱。同时，人参的活性物质还具有抑制黑色素的还原性能，使皮肤洁白光滑。

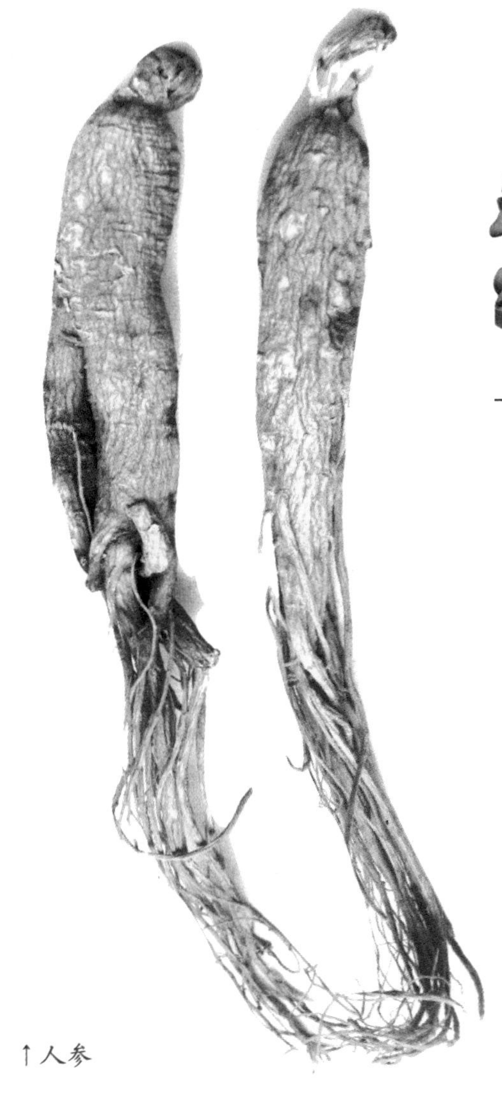

↑人参

拓展阅读

据说人参原名“人生”，因为以前人们说它长得像人，后来才慢慢变成了“人参”。人参加在洗发剂中能使头部的毛细血管扩张，增加头发的营养，提高头发的韧性，减少脱发、断发，对损伤的头发具有修复作用。而内服人参还会起到延缓衰老及护肤美容的作用。

植物界的“活化石”
——银杉

银杉小档案
别名：衫公子
科：松科
原产：中国
分布：广西、湖南、重庆、贵州

银杉，是三百万年前第四纪冰川后残留至今的古老植物，被植物学家称为“植物熊猫”。银杉是中国特有的珍稀物种，和水杉、银杏一起被誉为植物界的“国宝”，被列为国家一级保护植物。银杉对研究松科植物的系统发育、古植物区系、古地理及第四纪冰期气候等，均有重要的科研价值。

植物活化石

在我国广西省龙胜、临桂两县交界的地方，山岭险峻，雾海如云，海拔1895米，有一片原始森林。就在这一片茫茫的林海之中，有一种树冠闪耀着银白色的光亮的树，它就是我国珍稀植物，人称“活化石”的银杉。银杉树干高大、刚劲挺拔、木材坚实、纹理细密，可供建筑和造船。同时又因树姿优美壮观，是一种珍贵的观赏植物。

冰川浩劫的幸存者

远在地质时期的新生代第三纪时，也就是在两亿多年前，银杉曾广泛分布于北半球的亚欧大陆，在德国、波兰、法国及苏联曾发现过它的化石。但由于第四纪冰川的浩劫，许多植物遭到灭顶之灾，相继死亡，银杉也濒于绝迹。由于中国南部处于低纬度区，地形复杂，因而阻挡了冰川的袭击。中国的冰川比较零星，大多是山麓冰川，加上河谷地区受到温暖湿润的夏季风影响，所以冰川活动被限制在局部地区。这种得天独厚的自然环境，成了一些古老植物的避难所，因此它们才得以保存，成为历史的见证者。

银杉在拉丁语中的含义

银杉的命名是因为其叶子酷似杉形，叶背有两条平行白色气孔带的特征而得名。银杉的拉丁学名有着不一样的寓意：中国发现的银杉是至今世界幸存的独一无二的，目前只有中国才有分布；中国是世界上植物种类最丰富、古老孑遗最多的植物王国，银杉便是这个王国的象征；银杉是中国的国宝，也被植物学家们称为“植物熊猫”；银杉有其独特的形态结构。

拓展阅读

银杉是新中国成立后第一次发现的松科植物中特有的新树种，由我国植物分类学家陈焕镛和匡可任教授为它命名。它的拉丁文名字由两个词组成：第一个词“华夏”是我国的古称，表明它是我国的特产植物；第二个词“银色的叶”表明这一珍贵树种的特色。因为它与松科植物黄杉有相似之处，且叶片有光，所以中文正名定为银杉。

↓银杉

植物界的国宝
——水杉

水杉小档案
别称：水桫
科：杉科
分布：我国武陵山区、湖北利川、重庆石柱、陕西汉中

1943年，我国植物学家在四川万县发现三棵从未见过的奇异植物。1946年，经科学家们共同研究，才证实它们就是亿万年前在地球上生存过的水杉。水杉形同宝塔，它的叶子细长而扁。不要看它没有美丽的花朵，它们的外形挺直秀丽，是植物中的国宝。

植物界的“活化石”

一亿多年前，当时地球的气候十分温暖，水杉已在北极地带生长，后来逐渐南移到欧、亚和北美洲，到第四纪冰川到来时，各洲的水杉相继灭绝，只有一小部分在我国华中一小块地方幸存下来。1943年以前，科学家只是在中生代白垩纪的地层中发现过它的化石。在中国发现仍然生存的水杉，曾引起世界的震动。因此它们被誉为植物界的“活化石”。

水杉的“足迹”

有50多个国家先后从中国引种栽培，水杉现在几乎遍及全球。从我国辽宁到广东的广大范围内，都有它的踪迹。水杉不仅是著名的观赏树木，同时也是荒山造林的良好树种。它的适应力很强，生长极为迅速，在幼龄阶段，每年可长高1米以上。水杉的经济价值很高，其心材紫红，材质细密轻软，是造船、建筑、桥梁、农具和家具的良材，同时还是质地优良的造纸原料。

水杉的美丽传说

在科学家们发现水杉之前，土家族人一直把它当成宝树，当成成就土家族的天梯来进行珍惜和爱护。

传说在很久以前，接连不断的大雪把万物都冻死了，只剩下一对兄妹俩。哥哥叫覃阿土希，妹妹叫覃阿土贞。

有一天，兄妹二人在白茫茫的大雪中迷路了，为活下去，他们只能不停向前走。忽然，他们看到了一棵大树，狂风刮不动，大雪埋不住，青枝绿叶，兄妹俩感到很奇怪，就往这棵大树上爬，越往上爬越暖和，越往上爬越明亮，再向上看时已经爬到了天宫。在天宫里，观音菩萨对他俩说："世上只剩下你们俩了，你们就下凡去成亲吧。"妹妹怕羞，菩萨指着他们爬上来的那棵大树说："它是水杉，你们可折一根树枝做一把伞，把脸遮住就不羞了。"（后来，土家姑娘出嫁上轿时都会打一把伞。）兄妹成亲后，生下一个红球，球飞起来炸成许多小块儿，落到地上就变成了人，这些人就是后来的土家族人。

几百年来，当地老百姓仍对水杉顶礼膜拜，奉为神树，并在树下盖了庙，新中国成立前有好几棵水杉大树旁都建有水杉庙，后来拆除了。由于水杉对土家族的拯救故事得到了人们的认可和颂扬，所以水杉一直受到土家族的保护，繁衍至今。

拓展阅读

水杉不仅是研究古生物、古地质的活化石，也成了中国向世界各国人民传播友谊、进行学术交流的纽带。早在水杉新种正式命名前的1947年，中国发现水杉古树并公布后，引起了美国植物学界的普遍关注，不少世界著名植物学家、古生物学家远涉重洋，朝觐般地前来观赏考察。

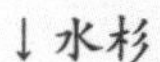

↓水杉

珍贵的孑遗植物
——银杏

银杏小档案

别名：白果、公孙树、鸭脚树、蒲扇

科：银杏科

分布：中国中部肥沃的砂质土壤，阳光充足的隐蔽处

银杏，是一种有特殊风格的树，叶子夏绿秋黄，像一把把打开的折扇，形状别致美观。大约两亿年以前，地球上的欧亚大陆到处都生长着银杏类植物，它是全球最古老的树种。

“世界第一活化石”

银杏树的寿命，远不及非洲的龙血树，也比不上美洲的巨杉。但是，它是现存树木中辈分最高、资格最老的老前辈。它在两亿年前的中生代就出现在地球上了，其他树木都比它晚。

在200多万年前，也就是第四纪冰川时期，大部分地区的银杏毁于一旦，残留的遗体成为印在石头里的植物化石。在这场大灾难中，只有生存在我国的一部分银杏树绵延至今，成了研究古代银杏的活教材。所以，银杏是全球最老的孑遗植物，人们把它称为“世界第一活化石”。

中国——银杏的老家

我国是世界上人工栽培银杏最早的国家，在1265年南宋陈景沂著的《全芳备祖》中，就有关于银杏的记载，比世界其他各国都早。银杏是一种难得的长寿树，我国不少地方都发

↓珍贵的孑遗植物——银杏

现有银杏古树，特别是在一些古刹寺庙周围，常常可以看见已栽有千百年的银杏。像有名的庐山黄龙寺的黄龙三宝树，其中一株是银杏，直径近2米。北京潭柘寺的银杏年逾千岁。而世界上最长寿的银杏，还应数我国山东莒县定林寺中的大银杏，树高24.7米，树围15.7米，树冠荫地200平方米，据说是商代栽的，实在让人震撼于它顽强的生命力。这些都证明我国是银杏的老家。

银杏的药理作用

银杏是裸子植物银杏科中唯一存留下来的一种植物，雌雄异株。银杏的枝、叶形态及扇状叶脉等，都与其他的裸子植物不同，是现存种子植物中最古老的一属。它的种子成熟时橙黄如杏，种皮很厚，中间的皮白而坚硬，故又有“白果”之称。银杏种子的种仁可做药用，有润肺、止咳的功效。它的枝叶含有抗虫毒素，能防虫蛀，故有人在书中放一片银杏叶用来祛除书蠹虫。银杏叶中还含有一种叫银杏黄酮的化学物质，它能降低胆固醇，改善脑血管的血液循环，具有防治脑动脉硬化、血栓形成等作用。因此，银杏叶提取物是当今国际上心脑血管保健药物中的新宠，特别是在欧美市场上最为盛行。

拓展阅读

银杏是我国特有的裸子植物，俗称白果树。这种古老的植物，在古生代二叠纪曾繁盛于世界各地，后来由于地壳变动，冰川的浩劫，世界各地的银杏几乎灭绝。至今只有我国还留存着少数的野生银杏树，所以又有“活化石”之称。

银杏树高可达30米左右，叶子十分奇异，像一把扇子。叶脉二叉分枝，是一种原始的叶脉。雌雄异株，花小简单。种子橙黄色，形状像杏子，银杏的名称由此而来。银杏适应性强，抗污染，抗烟尘，是一种优良的园林绿化树种，对改善城市生态环境具有积极的作用。

银杏果仁营养丰富，在制作菜肴和加工各种食品方面用途很广。银杏在药用方面的功效正在被开发利用，从银杏的果仁以及大量的叶片中提取有效成分，可用于治疗心血管病以及糖尿病等，据说还有护肤、生发、美容和增强记忆力等功效。随着对银杏科学价值的深入研究，目前我国已采用科学的方法，大量人工繁殖银杏树，以满足人们生活的需求。

↓银杏群落

世界上最濒危的冷杉
——百山祖

百山祖冷杉小档案
别名：冷杉
科：松科
分布：我国浙江庆元县百山祖

在植物分类系统中，冷杉是古老的裸子植物松科中的一个属。冷杉属家族全世界有50多种，按照郑万钧的裸子植物分类系统，中国已知的冷杉属植物有23种，百山祖冷杉是在中国发现的第19种冷杉。

濒危灭绝的冷杉

冷杉属濒危物种，属国家一级保护植物，为中国特有种。而百山祖冷杉是我国特有的一种古老残遗植物，也是我国东南沿海唯一残存至今的冷杉属植物。1987年，国际物种生存保护委员会将百山祖冷杉公布为世界上最受威胁的12个濒危物种之一。

冰期过后，全球气温回升，冷杉不能适应高温环境，其分布区向高纬度和高中海拔山地退缩，形成现代的我国南方冷杉的孤岛状分布。百山祖冷杉发现后，近年相继又在广西发现元宝山冷杉、资源冷杉，贵州又发现梵净山冷杉，湖南则发现了大院冷杉等新种以及井冈山发现的巴山冷杉。

由于人类不断进行的开发活动及森林火灾，使冷杉分布区的“孤岛”面积更为缩小。如浙西南闽东山地，历史上由于交通阻塞，森林的直接经济效益无法实现，加上烧荒驱兽，烧毁当时认为“多余的”森林，进而形成了一些山区盲目烧荒的传统习惯。百山祖冷杉由于分布地区低凹无风，被烧的次数少得多，是劫难后的幸存者。

树种劣势

百山祖冷杉种群个体太少，1969年时有8株树：3株单株散生；另5株组成一个小群体，2大3小。天然冷杉数目本来就少，当年夏天最大的那株

冷杉又被洪水冲倒枯死。1977年被挖2株，剩下1大1小，现在这两株都能开花，但是近亲繁殖，是否影响繁殖机制尚不得而知。

拓展阅读

1976年正式公布的百山祖冷杉，是我国浙江省百山祖自然保护区的特有植物。百山祖冷杉系是近年来我国东部中亚热带首次发现的冷杉属植物，其分布范围狭窄。由于当地群众有烧荒垦种的习惯，自然植被多被烧毁。

目前在号称浙江第二高峰百山祖主峰西南侧1700米以上山谷沟旁的亮叶水青冈林中，这种自然生长的冷杉仅有4株。总之，百山祖冷杉濒危稀有的原因有环境因素，也有物种本身的内在因素，如果仍任其自然演变，很难避免冷杉的灭绝。

←冷杉

植物界的“土地卫士”——桉树

澳大利亚数亿年来与世隔绝的状态造就了它独特的动植物种群。这里虽然没有进化成熟的哺乳动物，却有100多种有袋类动物，袋鼠就是它们的“形象代言人”。众多的奇花异草和珍稀树木安静地生长在这里，桉树则是它们当之无愧的代表。

凤凰涅磐

澳大利亚的土地是地球上最贫瘠的，低碳、高铁的土壤呈深红色；澳大利亚的气候又十分干旱，但桉树却能够在这种艰苦的自然环境中茁壮成长。根据研究，澳大利亚的桉树有500多个品种，高的可以长到100多米，笔直笔直的，矮的却只有一两米，呈灌木状。为了生存，桉树在长期的进化过程中形成了许多独特的生长特点：为了避开灼热的阳光，减少水分蒸发，桉树的叶子都是下垂并侧面向阳；为了对付频繁的森林火灾，桉树的营养输送管道都深藏在木质层的深部，种子也包在厚厚的木质外壳里，一场大火过后，只要树干的木心没有被烧干，雨季一到，又会生机勃勃。桉树种子不仅不怕火，而且还会借助大火把它的木质外壳烤裂，这更有助于生根发芽。桉树像凤凰，大火过后不仅能获得新生，而且会飞得更高。

献给世界的礼物

在澳大利亚东部沿海，茂密的森林郁郁葱葱，来自世界各地的旅游者无不为此惊叹。然而他们当中很少有人知道，这广袤的森林中90%是桉树。桉树是大自然赠予澳大利亚的礼物，也是澳大利亚献给世界的礼物。

忠诚的“土地卫士”

如果没有桉树这样的“土地卫士”，澳大利亚红色贫瘠的土壤早就被风雨蚀食干净；如果没有桉树，那里生存着的众多昆虫、爬行动物、鸟类和有袋类动物也将因为没有藏身之

拓展阅读

没有桉树，就没有澳大利亚。但澳大利亚人没有独享大自然给予他们的这份珍贵礼物，而是把它献给世界。从19世纪开始，桉树种子就在地中海沿岸发芽，并且迅速向非洲、亚洲和美洲发展。中国很早就引进了桉树树种，并在南部省份广泛种植。桉树生长迅速、木质坚硬，在中国的环境保护和木材工业的发展中发挥着十分重要的作用。

处和食物而灭绝，人们当然也就看不到只吃桉树叶的树袋熊的憨态可掬。当地土著人也离不开浑身是宝的桉树。桉树可以当储水罐，有一种桉树的树干是空的，不少树干里面充盈了可以饮用的水。在没有水的地方，土著人用木棒敲敲树干，就知道里面有没有水。桉树的花呈缨状，为粉红色。以桉树花为食的蜜蜂产蜜量很高，蜂农可以从一个蜂箱里抽出近20千克的蜂蜜。一些桉树的叶子含桉树脑，它们是制药的重要材料，还可以作为添加剂来生产水果糖。土著人还用桉树干做成管乐器，用乐声来表达他们心中的感情。随着时代的发展，桉树的用途越来越广，盖房子、做家具、当电线杆和铁路枕木，真是无所不能。

↓桉树

植物界的寿星
——棕榈

棕榈小档案

科： 棕榈科

分布：我国秦岭、长江流域以南，温暖湿润多雨地区

棕榈主干挺直，无分枝，为叶鞘形成的棕衣所包。叶大，集生于顶，多分裂，叶柄有细刺，四季常绿，夏初开花，叶间盛开着玉米穗子似的黄色花朵，结出一串串淡蓝黑色的果实，上有白粉。

↓棕榈果

寿长百岁的棕榈

棕榈是我国特有的经济树种，生命力十分顽强，说得上是经济树种中的“寿星”，寿长百岁的并不罕见。将棕榈树栽种在堤岸两侧，既可固土护堤，又为行道增加美景。炎夏季节，它那舒展的华盖，又给人们增添了绿荫；寒冬时节，它在寒风中从不

凋零叶落，任凭游人观赏。

“叶似新蒲绿，身为乱锦缠，任君千变剥，意气自冲天。”诗人对棕榈的礼赞，把它那种形态、特征和风貌描述得多么生动形象啊!

具有经济价值的 “宝树”

我国栽植棕榈的历史很悠久。在地理著作《山海经》中就有记载，说：“石翠之山，其木多棕。”《本草纲目》和《本草拾遗》中说，棕片可织衣、帽、褥、椅，大为时利，棕片织绳，入土千年不烂。棕榈原为经济林树种，清代以后引入庭园栽种，作为观赏。《北墅抱瓮录》中说：“墙角植棕榈，高可齐檐，微风乍拂，清凉自主，极潇洒之趣。”

在江苏、浙江、福建和上海的公园里、道路两旁，已广泛种植棕榈树，既可观赏，又兼收经济之利。老农种树，造福子孙，“千株桐，万株棕，世代儿孙吃无穷”。桐是桐油，棕是棕榈，人们把两种经济价值都很高的“宝树”相提并论，是有道理的。

对人类生活的贡献

棕榈生长缓慢，须七八年后才能开剥棕皮，可连续几十年。通常，每年采剥棕片两次，一次在春季棕树花开时，一次在秋天果熟前。人们歌颂棕树说：“不吃你的饭，不穿你的衣，每年还送一层皮。”

棕榈用途很广。树干可用作亭柱、栏杆，耐潮防腐。棕片性柔软，有韧力，耐水湿，经久不腐，可制船缆绳索、蓑衣、棕棚、棕帚、地毯。棕边、棕壳富有弹性，可以填塞沙发，或盖圆亭屋顶。棕叶可制扇、搓绳。棕树种子研成粉，是优良的家畜饲料，果皮含蜡质达16%，可制复写纸、地板蜡等。中医学上以叶柄基部的棕毛入药，性平味苦涩，有止血的功效。

↓棕榈

三步必倒的植物
——“毒箭木”

“毒箭木”小档案
别名：剪刀树、见血封喉
科：桑科
原产：东南亚
分布：我国广西南部、广东西部、海南岛和云南西双版纳热带雨林中

有一种分布在我国云南南部、广西和海南岛以及东南亚的高达30米的大树，叫“见血封喉”，又名“毒箭木”、“剪刀树”，为国家保护的濒危植物，同时也是世界上最毒的植物种类之一。

“见血封喉”

“毒箭木”是桑科见血封喉属的一种，该属只有4种，生长在亚洲和非洲热带地区，是高20～30米的常绿乔木。叶片椭圆形，花很小，结红色或紫色果实。除了花、果之外，根、枝、叶、皮都有剧毒。它分泌的白色乳汁一旦进入人或动物身体，可使血液立即凝固，导致中毒而死亡，所以又有“见血封喉”这个令人恐怖的名字。

必死无疑之毒

古人曾将毒箭木乳汁涂在箭头，用于战争和对付猛兽。据说，凡被射中的野兽，上坡的跑七步、下坡的跑八步、平路的跑九步就必死无疑，当地人称为“七上八下九不活”。

“贯三水”说法的来历

这种树含有剧毒成分的树液，傣族地区有一个“贯三水”的说法，意为用这种树液制成的弓箭射中野兽后，任凭它多么凶猛，跳不出三步，必然倒毙。

据传最早发现毒箭木汁液有剧毒的是西双版纳的傣族猎人。这位傣族猎人在森林狩猎时被一只硕大的狗熊追赶，迫于无奈，爬上了树。在狗熊也要爬上树的紧急关头，猎人顺手折断了树枝，猛然刺向狗熊。不料，狗熊即刻倒毙。这时人们才发现这种树是有毒的。此后傣族猎人便用毒箭木汁液涂在箭头上狩猎。当人们说起毒箭木时犹如大祸临头，称它为“死亡之树”。据史料记载，1859年，东印度群岛的土著人在抗击英军入侵时，就是用带有箭毒木汁液的箭射向敌军，其杀伤力令英军心惊胆战。

可开发的“毒药”

现代医学研究发现，毒箭木白色乳汁含有弩箭子毒甙、见血封喉甙等多种有毒物质。其由伤口进入动物或人体后，可引起肌肉松弛、心跳减缓，最后导致心脏停搏而死亡。有人做过实验，将毒箭木乳汁稀释数万倍后注射在兔子和小白鼠身上，兔子和小白鼠在几秒钟内就立刻死亡。毒箭木虽有剧毒，但在医药学上有研究和开发利用的价值。据分析，见血封喉属植物的主要成分具有强心、加速心律、增加血液输出量的功能，是一种有较好开发前景的药用植物。

“毒物”与人类生活

毒箭木虽然有剧毒，但人们在长期的劳动实践中也发现了它的用途。毒箭木的皮厚实而多纤维，柔软而富有弹性。傣家人把伐来的毒箭木用水浸泡，除去毒液，将皮捶松，晾干后做成的床上褥垫极为舒适耐用，睡几十年没问题。像这样有毒的植物还有许多，如西欧的白屈菜、非洲的羊角草，都曾被古代比利牛斯山和阿尔卑斯山的山民、非洲黑人利用，涂在箭头上作为杀伤性武器。

拓展阅读

在南美、印度、缅甸、越南和澳大利亚，生长着一种叫马钱子的乔木，结橙黄色浆果，内有盘状种子，种子含“马钱子碱”和“毒木鳖碱”，也含有剧毒。印第安人在箭头上涂上马钱子毒液，用吹箭发出，就可致敌死亡。

↓毒箭木

伪装成金银花的“断肠草”

“断肠草”并不是专指一种药，而是至少10个以上中药材或植物的名称。因为在传统中医药里，有很多异物同名的现象存在。在古代，人们往往把服用以后能对人体产生胃肠道强烈毒副反应的草药都叫做断肠草。

伪装的金银花——断肠草

断肠草，外形和金银花接近，很多人就是因为把断肠草误当金银花而中毒。断肠草能开出一种黄色小花，结出豆荚形状的果实，另一种开紫色小花。不过这两种都很纤细，茎的大小只有铅笔芯粗细，20多厘米高，叶子细密而零碎、小指甲大小，根部有一股臭味。断肠草属于葫蔓藤科植物，其主要毒性物质是葫蔓藤碱。据记载，误食断肠草后肠子会变黑并粘连，最后腹痛不止直到死亡。所以误食断肠草只会导致肠子粘连，腹痛不止，而“断肠”的说法还只是传说。

神农氏与断肠草

神农氏从小就聪明过人，经常帮助周围的人解决一些难题。相传神农有着一副透明的肚肠，能清楚地看见自己吃到腹中的东西。当他看到百姓因疾病而无药医治的时候，心里非常着急。为了寻找能解除群众疾病苦痛的药材，他常年奔走在山林原野间，遍尝百草，哪怕中毒也在所不惜。

拓展阅读

“断肠毒母”是生长千年的母株，其藤条光滑，带有紫色，长有对生的墨绿色厚叶，叶面光滑，背面则呈暗红色，其间开着一些喇叭形的小黄花。其藤粗叶厚，通体剧毒。尤其是根部已成瘤状，无须无毛，无嗅无味，但奇毒无比。断肠毒母虽有如此剧毒，但外用对疥癣、湿疹、痈疽、毒疔疮之类都有奇效，这大概是以毒攻毒。因此，它被誉为世上最危险的中药。

神农一日而遇七十毒的说法也因此而广为流传。有一天，神农看到一些翠绿的叶子，有淡淡的飘香，于是摘下一片服下。可是意想不到的是，这片叶子通过他的腹内竟然将胃肠搽洗得特别清爽，于是神农就将这种叶子常常带在身边以便解毒之用。

自那以后，只要毒草在腹中作怪，神农就立即吞些这种叶子。神农尝试了很多有毒的植物，都能化险为夷。直到有一次，神农在一个向阳的地方发现了一种叶片相对而生的藤，这种藤上开着淡黄色的小花，于是神农就摘了片叶子放进嘴里咽下。可是令他意想不到的是，毒性很快发作，出现了一些不适之感。神农刚要吞下那种解毒的叶子，却看见自己的肠子已经断成一截一截的了。没多久，这位尝尽无数草药的神农，就断送了自己的性命，因此这种植物也被人们称为断肠草。

神农尝百草的石刻→

神奇的世界

第五章

五彩的花朵

自然界的植物绚丽多姿，令人神往。可花开花落，总那样短暂易逝，人们由此才惜叹“无可奈何花落去”。许多花在东西方文化中都被赋予了特定的内涵。在中国传统文化中，不少花卉都被赋予了美好的性格特征：梅花象征着民族之风骨，芍药象征情人之离别，菊花象征着文人之高洁，牡丹象征着富人之华贵，兰花象征着君子之气节。而在西方文化中，对各种花赋予的各种象征意义称为花语，比如红玫瑰象征爱情、美丽和热情，罂粟花象征对死亡的悼唁，鸢尾和百合在葬礼中象征着“复活”和“生命”等。

你知道花儿为什么开吗

一年四季，我们都能欣赏到大自然赐给的礼物：鲜花。你看，那娇黄的迎春花、鲜红的山茶花、玉白的栀子花，还有经秋不凋的菊花，傲霜斗雪的梅花……真是目不暇接。科学家说，世界上开花的植物有20多万种。难怪我们走到天南海北，都能享受到花的芳香。

古今中外的人都爱花。“家家习为俗，人人迷不悟。”诗人白居易在1000多年前的《买花》诗中这样写道：“春桃一片花如海，千树万树迎风开。花从树上纷纷下，人从花底双双来。”人们赏花的热情跃然纸上。

↓多姿的山茶花

花儿为什么会开

花卉是大自然进化的瑰丽产物。地球上的奇花浩如烟海，争荣竞秀，各显其能。花是被子植物（被子植物门植物，又称有花植物）的繁殖器

官，其生物学功能是结合雄性精细胞与雌性卵细胞以产生种子。这一进程始于传粉，然后是受精，从而形成种子并加以传播。对于高等植物而言，种子便是其下一代，而且是各物种在自然分布的主要手段。同一植物上着生的花的组合称为花序。

面对万紫千红的各色花朵，你是否想过这个问题：植物为什么要开花呢?

早先，谁也说不清。甚至有人认为是上帝的爱心，专门造出各色鲜花供人观赏。经过长期的研究之后，科学家才发现了花的真正作用：原来，花是植物的生殖器官，植物开了花，才能通过授粉、受精结出果实和种子，才能由此而传宗接代。植物不同，开花的习性也不一样。多数植物是先长叶后开花的，但腊梅、梅花、白玉兰等是先开花而后长叶，毛桃、苹果等又是叶、花同时生长开放的。

↓美丽的鲜花正在开放

最具国色天香的牡丹

牡丹花小档案

别称：鼠姑、鹿韭、白茸、木芍药、百雨金、洛阳花、富贵花等

科：芍药科

原产：中国西部秦岭和大巴山一带山区

分布：以我国洛阳、菏泽牡丹最负盛名

牡丹是我国传统名花，富丽堂皇，国色天香，自古就有富贵吉祥、繁荣昌盛的寓意，代表着中华民族泱泱大国之风范。“洛阳地脉花最宜，牡丹尤为天下奇。”洛阳牡丹根植河洛大地，始于隋、盛于唐、甲天下于宋。

牡丹与文人

自古以来，牡丹就为我国文人学士赞赏。唐代诗人刘禹锡赞曰：“庭前芍药妖无格，池上芙蓉净少情。唯有牡丹真国色，花开时节动京城。”自此，牡丹被誉为“国色”，相传至今。

“国色”的标准是什么?追本溯源，牡丹被作为观赏花卉栽培，始于南北朝，盛于唐代。唐代国色的标准是杨贵妃。杨贵妃雍容华贵，体态丰腴。牡丹花大、色艳，富丽堂皇，正合国色标准。因此，鉴赏牡丹名品档次的高低，也不外乎花多、花大、瓣多、色艳、花香、态“富”这几条。大可悦目，色可销魂，香可迷性，态可醉人。唐代记录了一株开花1200朵的牡丹，并有了“双头”“重台”“千叶”“色有正晕、倒晕”“香气袭人”等奇观。

烈火不败“焦骨牡丹”

传说，天授二年腊月初一，西京长安大雪纷飞，武则天饮酒作诗，乘兴醉笔写下诏书：“明朝游上苑，火速报春知，花须连夜发，莫待晓风吹。”百花慑于此命，连夜开放，独牡丹不违时令，闭蕊不开。武则天盛怒之下，将牡丹贬出长安，发配洛阳，并施以火刑。牡丹遭此劫难，体

如焦炭，却根枝不散，在严寒凛冽中挺立依然，来年春风劲吹之时，花开更艳，被誉为“焦骨牡丹”。洛阳牡丹遂驰名天下，被称作“花魁”，洛阳人培育牡丹、观赏牡丹亦日盛成俗。

牡丹与文化现象

牡丹，是中国固有的特产花卉，有数千年的自然生长和2000多年的人工栽培历史。其花大、形美、色艳、味香浓，为历代人们所称颂，具有很高的观赏和药用价值，自秦汉时以药植物载入《神农本草经》始，散于历代各种古籍者，不乏其文，形成了包括植物学、园艺学、药物学、地理学、文学、艺术、民俗学等多学科在内的牡丹文化学，是中华民族文化和民俗学的组成部分，是中华民族文化完整机体的一个细胞。透过它，可洞察中华民族文化的一般特征。

牡丹的花色分类

红色花系：

如“绣桃花”“平顶红”“锦红缎”“木横红”“群英会”“展宏图”等。

绿色花系：

如“绿幕”“绿玉”“绿香球”“荷花绿”“春水绿波”等。

蓝色花系：

如“鹤望蓝”“水晶蓝”“垂头蓝”“群峰”“紫蓝魁”等。

紫色花系：

如“紫红玲”“藤花紫”“棒盛子”“稀叶紫”“紫绣球”等。

粉色花系：

如“百园争彩”“桃花遇霜”“仙娥”“粉乔”“玉芙蓉”“瑶池春”等。

白色花系：

如“玉板白”“紫斑白”“天鹅绒”“香玉”“白鹅”等。

黑色花系：

如“黑花魁”“黑撒金”“瑶池砚墨”“墨楼争辉”“冠世墨玉”等。

黄色花系：

如“姚黄”“古铜颜”“黄鹤翎”“种生黄”“金玉磐”等。

复色花系：

如“二乔”“大叶蝴蝶”“蓝线界玉”“天香湛露”等。

↓牡丹

紫藤花是花中的彩蝶

紫藤花小档案

别名：朱藤、招藤、招豆藤、藤萝

科：豆科

原产：中国

分布：朝鲜，日本，我国河北、河南、山西、山东

品种：多花紫藤、银藤、红玉藤、白玉藤、南京藤

紫藤枝条如果盘绕在古树上，叶丛婆娑，花序累累，使古树也生机勃勃、多姿多彩。庭园之中，有人将紫藤和银藤混种一起，花开时节，紫白相映，更加显出紫藤花的俊秀美丽。

点缀自然的紫藤

紫藤在开花期间，花儿夜夜含苞，朝朝新放，大串大串的紫花倒垂，仿佛彩蝶飞舞，幽香扑鼻，浓荫下成为乘凉的好地方。紫藤喜攀爬，一有依附，一律向右缠绕。紫色花朵是它本色，是最常见的品种，由此得名紫藤。另有一种开白色花的品种，叫做银藤，抗寒性较差。此外，由于花叶的不同，还有花叶、粉花、重瓣等品种。它们都能散发出浓郁的芳香。

紫藤花的故事

紫藤花有一个古老而美丽的传说。

有一个美丽的女孩想要一段情缘，于是她每天祈求天上的红衣月老成全她的愿望。红衣月老终于被女孩的虔诚感动了，一天入到她的梦里说：“春天到来的时候，在后山的小树林里，你会遇到一个白衣男子，那就是你想要的情缘。”

好不容易等到春暖花开了，痴心的女孩独自来到了后山小树林，等待她的白衣男子到来。可一直等到天快黑了，白衣男子还是没有出现。女孩在紧张失望之时，反而被草丛里的蛇咬伤了脚踝。女孩不能走路，家也回不了了，心里十分害怕。

就在女孩感到绝望无助时，白

衣男子出现了，女孩惊喜地呼喊着救命，白衣男子上前用嘴帮她吸出了脚踝上的毒血。就这样，他们相爱了。可白衣男子家境贫寒，女孩的父母因此强烈反对，最终两人跳崖殉情。

此后不久，就在他们殉情的悬崖边上长出了一棵树，树上居然缠着一棵藤，并开出朵朵花坠，紫中带蓝，灿若云霞。后来有人称那藤上开出的花为紫藤花。紫藤花需缠树而生，独自不能存活，有人便说那女孩就是紫藤的化身，树就是白衣男子的化身。

因此，紫藤象征着为情而生，为爱而亡。它的花语有顽强的生命力、高贵、神秘、深深的依恋、浪漫、美丽和勇气。

紫藤——蒙茸一架自成林

在苏州博物馆的一个庭院里，有棵紫藤，树龄已有460多岁了。它粗有二抱，主干形同虬龙，侧枝盘曲，古趣盎然。牵引到棚架上，绿叶浓密，给偌大的一个庭院架设一幅碧绿天幕。一到暮春时，紫穗悬垂，繁花盛开，一串串淡紫色的蝶形花，使满院弥漫淡淡清香，令人陶醉。紫藤架旁边的墙上，至今尚镶着“蒙茸一架自成林”七个篆刻大字，道出这棵紫藤的妙处。地上立有一块石碑，上刻“文衡山（征明）先生手植藤”。

拓展阅读

在斋宴之中，紫藤花堪比素八珍的美味——食用紫藤花的风俗绵延传承至今。民间把紫藤花当做下酒菜，将紫色花朵或水焯凉拌，或者裹面油炸，抑或作为添加剂，制作“紫萝饼”“紫萝糕”等风味面食。

↓紫藤花

奇臭无比的霸王花

霸王花小档案
别名：尸花、泰坦魔芋、大王花
科：天南星科
原产：印度尼西亚苏门答腊的热带雨林地区

意大利人于1878年在苏门答腊的热带雨林采集了一株直径达1.5米，高近3米的霸王花标本。由于霸王花有腐烂的气味，故被称做“世界上最臭的花”。

“臭名昭著”的霸王花

印度尼西亚的苏门答腊森林是一片保护很好的野生生态系统，这里有许多著名的受保护的野生动物和野生植物。走在这片森林里，你或许会闻到一股恶臭，不过如果你避而远之，就很可能错过一生中难得一见的奇观了。勇敢迎着那股恶臭走过去吧，你会看见一朵巨大而鲜艳的花朵一下映入你的眼帘，那就是赫赫有名的霸王花。霸王花是世界上最大的花，又称“尸花”“尸香魔芋”“泰坦魔芋”“大王花”。

苍蝇和甲虫是传粉使者

霸王花也有雌雄之分，所以必须有两朵不同性别的花朵同时开放才能传粉并孕育种子。霸王花的臭花是没有蜜蜂愿意为它传粉的，不过臭花也有它的追逐者，一些喜欢逐臭的苍蝇和甲虫就能帮助霸王花传粉。

艳丽的一生

霸王花开花期间，呈红紫色的花朵将持续开放几天的时间，散发出的尸臭味也会急剧增加。当花朵凋落后，这株植物就又一次进入了休眠期。而它散发出像臭袜子或是腐烂的味道，是想吸引苍蝇和以吃腐肉为生的甲虫前来授粉。

霸王花的花朵是世界上单朵最大

的花，每朵花开5瓣，直径1.5米，重9千克左右。其花瓣又厚又大，外面带有浅红色的斑点，每片花瓣长40厘米左右。霸王花的花心像个面盆，可以盛5升水。霸王花的花心看上去还像一个大洞，可以容纳一个3岁左右的小孩。不过没有哪个小孩愿意钻到这么臭的花中去捉迷藏。

霸王花非常艳丽，比你能想象到的任何东西都要美，然而这种美得出奇的巨臭花朵确实是生长在我们这个星球上的。霸王花寄生在一些野生藤蔓上，迄今为止，科学家们还不知道它们的种子是如何发芽和生长的，更无法解释它是怎样依靠野生藤蔓生存的。唯一可以确定的是它底部丝状纤维物散布在藤蔓上，以吸取养分。

艳丽的开始，腐烂的结束

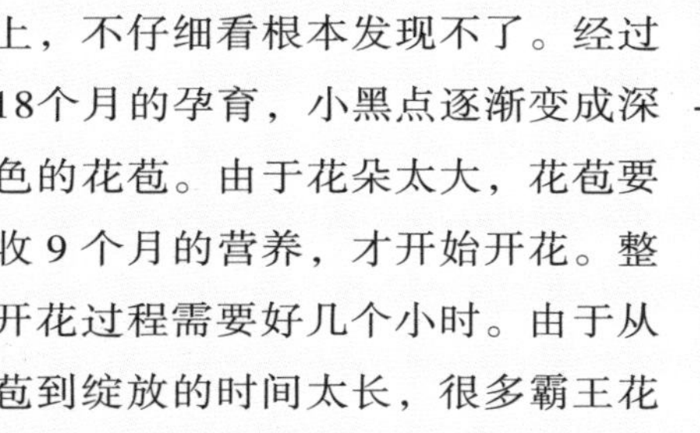

霸王花开始像个小黑点寄生在藤蔓上，不仔细看根本发现不了。经过了18个月的孕育，小黑点逐渐变成深褐色的花苞。由于花朵太大，花苞要吸收9个月的营养，才开始开花。整个开花过程需要好几个小时。由于从花苞到绽放的时间太长，很多霸王花还没等盛开就夭折了。虽然其孕育时间很长，但盛开的时间并不长，一般3～7天就凋谢了，凋谢之后花瓣慢慢

↓奇臭无比的霸王花

拓展阅读

据英国媒体报道，英国西南部一个植物园里的霸王花开花了。植物学家指出，按照常理，这种全世界最臭的植物在北半球寒冷的冬天是不可能开花的，而现在唯一的解释就是全球变暖导致这种奇怪的现象出现。植物园的工作人员表示，想亲身一睹其开花实况的人要快，因为它开花后24小时，花朵就已开始凋谢。

变黑并腐烂。霸王花以黑色的小点作为生命的起点，以腐烂的花瓣作为生命的终点，它的生命是如此的辉煌，而又夹杂着几许无奈和灰暗。

像脸盆一样的花朵

霸王花以超大的花朵而得名。有人形容霸王花的恶臭是腐肉味和粪便味的混合，很像腐烂的动物尸体的味道，所以它又获得了一个“尸花”的恶称。霸王花还有一个名称叫“莱福士花”，是由它的发现者莱福士命名的。

据调查，曾经发现的霸王花的种类达17种之多，如今有部分品种已经绝种。霸王花的移栽和种植都比较困难，而且对环境的要求也比较高，所以在世界各地的植物园里是难得一见的。英国人为了纪念莱福士，在基尤花园的威尔斯亲王温室的热带植物地区里种植了一株霸王花。经过6年种植，这株花终于绽放开来，给这片植物园带来恶臭的同时，也带来了络绎不绝的参观者。

从尸香魔芋到泰坦魔芋

霸王花又名泰坦魔芋，祖先是“尸香魔芋”。一听这个名字，就给人一种毛骨悚然的感觉，好像看到了“死亡”。而传说中的“尸香魔芋”是一种生长在用昆仑神木做的棺材里的死尸上的诡异花草，它能乱人心智，产生幻觉。这种魔鬼之花，用它妖艳的颜色，诡异的清香，制造出一个又一个由幻象所组成的陷阱，引诱着人们走向死亡。传说中“尸香魔芋花”就是守护所罗门王宝藏的恶鬼，所以，它的花语为走向死亡。

知/识/链/接

莱福士，英国人。1804年，他被派到马来西亚槟榔屿，后来又做了苏门答腊的总督。莱福士对植物和动物极有兴趣，在做总督期间，他热衷于收集当地的动植物标本，曾发现多个新物种并为之命名。

郁金香的秘密

郁金香小档案
别称：洋荷花、草麝香、郁香
科：百合科
原产：锡兰及地中海偏西南方向

在西方，如果你询问“哪种花象征春天”，半数的回答都是郁金香。郁金香种植于冬季，却盛开于早春时分。当人们还身披冬衣不经意中望见斜阳映照下悄然而放的郁金香时，那份对春的期盼和喜悦是可想而知的。捧一束郁金香回家，春便也走进了你的家门。

曾“闯祸”的郁金香

提到郁金香便会想到郁金香王国——荷兰，然而最早种植郁金香的却是土耳其人。荷兰能够成为今日的郁金香帝国，应当感谢16世纪的维也纳皇家药草园总监。因宗教原因，这位药草园总监迁居荷兰，同时也带入了他培植的欧洲郁金香。17世纪，郁金香风行欧洲，郁金香商人可以月入60000弗罗瑞斯（荷兰古货币名，折合约44000美元），形成了历史上“淘金”之花一说。发财的机会令这一行业变得炙手可热，但是过盛的种植最终也导致了郁金香市场的彻底崩溃。1637年便被认作郁金香历史上的“花祸”之年。

挑选郁金香的技巧

为延长郁金香开花周期，在买花时，应挑选花苞未绽而又色彩清晰的花蕾。最佳的花蕾应是上部呈花色，下部为绿色。紧包而又未现花色的花蕾是不可能开花的。

郁金香的传说

在古欧洲，有一个美丽的姑娘，同时受到三位英俊骑士的爱慕追求：一位送了她一顶皇冠，一位送她宝剑，另一位送她黄金。少女为此发

↑郁金香的秘密

愁，不知道应该如何抉择，因为三位男士都如此优秀。她只好向花神求助， 花神于是把她化成郁金香，皇冠变为花蕾，宝剑变成叶子，黄金变成球根，就这样同时接受了三位骑士的爱情，而郁金香也成了爱的化身。由于皇冠代表无比尊贵的地位，宝剑又是权力的象征，而拥有黄金就拥有财富，所以那时在古欧洲，只有贵族名流才有资格种郁金香。

拓展阅读

荷兰的郁金香享誉世界的原因有以下几点:

一是荷兰当地的气候适宜种植。

二是郁金香是荷兰国花，由于普遍、长期种植，培育经验丰富。

三是该国大力扶持郁金香种植事业，在很大程度上刺激了当地郁金香种植业的发达。

四是荷兰培育的郁金香品种多，品质优，是荷兰主要的出口创汇商品之一。

奇妙的花粉

春天，当我们走进大自然，各种植物开着美丽的花朵，五颜六色、多姿多彩。花丝顶端挑着金黄的花药，成熟的花药里散落出金黄的粉末。蝴蝶翩翩飞舞，蜜蜂在花间穿梭，芬芳花香吸引着它们，它们停落在花蕊上，尽情地吸取着花蜜，又把这些粉末带在身上。山杨林中、老松树上，阵阵轻风吹来，金黄色的粉末像烟雾一样飘起，这些都是植物的花粉。

形态万千的花粉

植物的种类不同，花粉的形状和外壁纹饰、沟孔也各不相同。如果把各种植物的花粉放在显微镜下观察，你就会发现，它们奇形怪状，形态万千。

水稻、玉米的花粉，表面非常光滑；而蒲公英、雏菊、款冬的花粉，浑身长满了小刺；石榴的花粉为椭圆形，且有三条纵沟；椴树、白桦的花粉从一侧看上去呈三角形，而落葵的花粉粒却为四边形；赤杨的花粉五角形；薰衣草的花粉六边形；杉树、麦仙翁的花粉一边有一个高高的突起，整个花粉粒像个吸耳球；苦瓜的花粉上布满了网纹，就像一种哈密瓜；苏铁、银杏的花粉粒像只小船；铁杉花粉上有众多的突起；麻黄的带纵棱的花粉可以冒充阳桃；还有四粒花粉紧紧抱在一起的，称为四合花粉，如杜鹃和香蒲的花粉；松树、云杉、冷杉的每粒花粉都像个圆面包连着两个大气囊，显然这对它们在空气中的飘浮传播起着重要的作用。

花粉的“下降”之旅

一阵微风，就可以把许多风媒花的花粉卷起来，并被带到距离地表200～500米的空中，少数也可达到2000米的高空。当风速减弱，这些随风飘荡的花粉就徐徐下降，下降的速度也因花粉物种而异。

紫杉的花粉每秒不过下降1厘米。云杉的花粉下降得比紫杉快得多，每

↑蒲公英

秒下降6厘米。虽比下落的雨滴或石块慢得多，却是各种花粉中下落得最快的花粉。

> **拓展阅读**
>
> 花粉不仅在植物的传宗接代中起着重要的作用，而且还为我们人类做出了不少贡献。新鲜的花粉含有丰富的蛋白质、氨基酸、糖类、脂类、维生素、微量元素等营养物质。蜜蜂用它酿就了甜蜜的蜂蜜，可供人食用。另外，人们利用花粉的营养制造出各种保健品或药剂，更是为人类健康做出了贡献。

花粉的功绩

专门研究花粉孢子形态的学科叫孢粉学。花粉和孢子一样，外壁坚固，富含大量的孢粉素和角质，特别是孢粉素是一种复杂的碳、氢、氧化合物，化学稳定性很强，它耐酸、碱，极难氧化，在高温下也难溶解。因此，无论花粉飘落到哪里，即使在地层中埋藏千万年，也不会腐朽烂掉，还能保持外壁形态不变。

根据各种植物孢粉在地层出现的规律，科学家们可以断定地质年代，研究古植被、古气候的特点，也能为寻找石油矿藏提供依据。研究现代植物的花粉可以为蜜源植物的鉴定，甚至刑事破案起到作用，这些都是花粉的“不朽”功绩。

花为什么是五颜六色的

花朵五彩缤纷，除了为吸引昆虫来传花授粉外，还有一个重要的作用是防阳光过分强烈的辐照。须知，不同颜色的花对不同波长的阳光吸收能力不同。花朵的颜色适应了此种花能忍受的照射强度，方能避免过分强烈的日照给花朵带来的伤害。

花儿的颜色从哪儿来

为什么花儿会有这么多不同色彩呢？这是因为花朵内有多种神秘的色素，如花青素、类胡萝卜素、类黄酮等。在橙黄色的花瓣中，含有大量花葵素和类胡萝卜素。花葵素是一种特殊的花青素，如花青素较多而占主导地位时，花色是红色为主的橙色；如果类胡萝卜素占主导地位时，花色则是黄色为主的橙色。

白色花能给人以高贵、典雅的感觉。但白花的白颜色并不是由“白色素”产生的，何况它也不存在，而是由于花瓣中大量细小的气泡产生的。其实，自然界中并不存在纯白色的花，再白的花也带着肉眼难以察觉的浅黄色。

黄色花包括了奶油色、象牙色在内的各种层次色彩的花。非常浅的黄色花仅仅含有一种类黄酮色素。颜色较深的黄色则是由类胡萝卜素造成的。

红色和粉红色的花则是以花青素为主体造成的。有的花呈粉红色，有的花呈红色，这其实不过是花瓣中花青素含量多少造成的而已。花青素含量少者，花朵呈粉红色，花青素含量多者，花朵则呈红色。

多变的花色

一般来说，植物从花开到花落，花朵色彩似乎没有什么变化。但是，在自然界里，有一些花卉的颜色却变化多端。例如，金银花在初开时色白如银，过一两天后，色黄如金，所以人们叫它金银花。我国有种樱草，在春天20℃左右的常温下是红色，到30℃的暗室里就变成白色；八仙花在一些土壤中开蓝色的花，在另一些土

↑*五彩缤纷的花朵组成的花廊*

壤中开粉红色的花；有一些花在它受精以后也会变色，比如棉花，刚开时黄白色，受精以后变成粉红色；杏花含苞的时候是红色，开放以后逐渐变淡，最后几乎变成白色。

为什么黑色的花很少见

自然界纷繁复杂，在庞大的植物界中，有各种奇花异草。每年春季，各种花朵盛开，争芳斗妍，装点着大自然，供人们观赏享受。可是，在万紫千红的花卉中很少见到黑色的花。有关专家经过长期的观察和实验，终于弄清了其中的缘由。原来太阳光是由七种光组成，分别为红、橙、黄、绿、蓝、靛、紫光。它们的波长不同，所含的热量也不同。众所周知，花的组织，尤其是花瓣一般都较柔嫩，易受高温伤害。所以红、橙、黄色的花较多，是因为它们能反射阳光中含热量较多的红光、橙光、黄色光，不致引起灼伤。但黑色花则相反，它可以吸收全部的光波，导致在太阳光下升温快，其花组织容易受到灼伤。

所以，在长期的进化过程中，经过自然法则的选择，黑色花的品种越来越少，所剩无几。有关专家对4000多种花进行统计，发现只有8种花是黑色的。在植物界黑色花如此之少，反倒使黑色花被园艺家视为名贵品种，

拓展阅读

颜色变化最多的花要数“弄色木芙蓉”了。它的花初开的时候是白色，第二天变成了浅红色，后来又变成了深红色，到花落的时候又变成紫色。这些色彩的变化看起来非常玄妙，其实都是花内色素随着温度和酸碱浓度的变化所玩的“把戏”。

花是叶变的吗

花儿是地球上植物物种家族中的主要成员，凭借其丰富多样的形状和色彩而深受人们的喜爱。那么花儿家族为何拥有如此多“千娇百媚”的成员？它们又是怎么进化来的呢？

花是变了形的叶子吗

有人说花是花，叶是叶，怎么能说花是由叶变的呢？如果你经常观察就会发现，多数植物是先长叶后开花。但有些植物像腊梅、梅花、白玉兰等却是先开花后长叶；毛桃、苹果等又是叶与花同时生长开放的。在这些不同的情况下，一概而论地说花是叶变的是不够准确的。

长期的进化

据研究，花萼同叶子几乎一模一样，花瓣的形态和构造，同叶片也很相似。雄蕊的花丝相当于叶片的中肋，雌蕊的心皮也是叶片变态折卷而成的。这些都证明，花的各部分确实由叶子变化而来。当然，由叶子、花枝变化成花并非一朝一夕的事，这是植物由低级到高级、由无性繁殖到有性繁殖，长期进化演变的结果。

神秘的自然界

德国诗人歌德在1790年说过：“花是叶变的。”植物学家也告诉我们，美丽灿烂的花朵真的来自叶和枝。有人甚至下了这样的定义：“花

↓牵牛花

↑苹果花

是适应繁殖的一种变态的叶和枝。”由此看来，花与叶、枝虽不相同，但花真的是缩短的枝、变态的叶。自然界就是这么有趣。

一朵“真正”的花

一朵真正的花，是由花托、花萼、花瓣、雄蕊和雌蕊几部分组成的，具备上述各部分的花叫“完全花”，桃花、李花等就是“完全花”。缺少任何一部分的花叫“不完全花”，像杨、柳、油桐等花就是。一朵花内既有雄蕊又有雌蕊的叫“两性花”，如番茄、油菜、蚕豆等；只有雄蕊或雌蕊的叫“单性花”，如玉米、南瓜、桑等。此外，还有雌雄同株和雌雄异株的分别。

叶子花

一品红是人们常见的一种花卉，但那大片红色的，人们以为是花，实际却是叶子。鸡冠花那红色的“帽子”，其实也不是花，而是变扁了的茎。

知/识/链/接

玉兰是一种“有花无叶”的花，其常在一片春意盎然之中开出大片洁白的花朵，让人们尽情在花海中沉醉。有诗盛赞道：“千干万蕊，不叶而花，当其盛时，可称玉树。”怒放的花却没有叶子，仿佛她用尽了一切气力，只为绽放时的华丽。或许是默默无闻的叶子才成就了让人倾倒的美丽，也或许正是如此，玉兰花象征着一种感恩与报答。

你知道花的寿命吗

在街上买一束花，插在花瓶里，可使室内生辉。可惜过不了多久，这花就凋谢了。花的寿命有多长呢？

花能活多久呢

生长在大自然怀抱里的花卉，如果不是遇到特别的灾害，它的正常寿命该有多长呢？

昙花在晚上开花，一般只能开3～4个小时，寿命的确不长。但牵牛花可开放6～7个小时，蒲公英可开10小时左右，玉兰花则能开好几天，这些花的寿命显然比昙花要长得多。

世界上寿命最长的花，是热带森林里的一种兰花，它能开80天。那寿命最短的是什么花呢？它不是昙花，而是南美洲亚马孙河的一种莲花，只在清晨露一下脸，大概30分钟就凋谢了。

拓展阅读

在索马里，有一种“火花树”，高丈余。树顶枝干稀疏，在枝杈中总是生有一个个花苞，假若花苞张开（开花），便能结出形如鸡蛋、可作菜肴的果实。摘下果实后很快又会生出花苞来，且终年不间断，已属奇事。更奇的是，“火花树”的花苞外皮上含有一种乳汁，密封着花苞，使花苞无法开放。但这种乳汁遇火就会被蒸发，这样花苞就不受束缚而能自由开放了。根据“火花树”的这种特性，当地人一见花苞累累时，就手执火把去烤花苞。火烤以后，第二天便又开出花来。花开用火烤，可谓奇闻。

开花结果，生生不息

开花才能结果，花是植物传宗接代的工具。“桃三梨四”——桃、梨要3～4年才能成熟，才能开花结果。

↑棉花

银杏树出苗后则要经过20多年方开花。它俗称“公孙树”，是说公公种下了树，要到孙辈才能收果。竹子的花更奇特，有关记录表明，按品种不同，大约每隔15年、30年、48年、60年甚至120年才开花，它一生又只开一次花，花开后就很快枯死了。南美安第斯山脉生长一种叫“莱蒙蒂”的奇特植物，它从幼芽开始，要经过100年或更长时间才开一次花。待花开结子后便枯萎死亡。不同植物的花期不一样，棉花从开第一朵花到最后一朵花凋谢，前后要开几个月；可桃花只有半个月左右。开花期最长的是热带的桉树、可可树等，它们能此起彼落，终年开花。

可以吃的鲜花

花既供观赏，又可供人食用。古代诗人屈原在《离骚》中就有“夕餐秋菊之落英”的佳句。秀色可餐的当然不止是秋菊，杨万里在“供我西窗当晚餐”的诗句中所指“当晚餐”的材料则是桂花。

可以当做食物的花

事实上除菊花和桂花外，常用以入馔的花卉还有萱草花（金针菜）、牡丹花、莲花、兰花、梅花等等。从古代食用玉兰花、苔菜花、松花、玫瑰花、茉莉花、栀子花等的记载看，可食花卉的品种还相当多。

有趣的“花朝节”

在我国苏州，每年农历的二月十二日为“花朝节”。这一天，城乡人民都喜欢在花木上贴红纸、系红绸，以庆贺“百花生日”。其中还有一个诱人的节目就是“吃花粥”。如用玉兰花瓣制作玉兰饼；用迎春花、芙蓉花加醋炒豆腐；用茉莉花炒鸡丝、肉丝等，至于白糖桂花粥、玫瑰赤豆粥、茉莉肉粥、玉兰鱼片粥等，就更是寻常人家的桌上美食了。据记载，武则天于花朝日游园时，令宫女采百花和米捣碎蒸糕，以赐群臣。

“吃花”文化

近年来通过调查研究发现，我国云南居住的20多个少数民族，食花现象相当普遍，食用的花类竟多达上百种。有的用花煮汤、烧肉，有的就与辣酱伴食。在台湾，1991年还举办过“逛花街，喝花酒，吃花卉大餐”的活动。推出的有荷花虾片、玉兰花肉片、康乃馨果冻、玫瑰汉堡包、鲜花沙拉、兰花冰瓣、碎花卷等几十个品种，可谓盛极一时。

国外盛行的花卉食物

花卉食物在国外也备受欢迎。古罗马人就以喜食玫瑰而闻名。生活

↑奇异的花朵

在格陵兰岛上的因纽特人几乎无花不吃。他们还常把油浇在花上，放在皮袋里，储存到冬天再吃。欧洲有些国家的人民喜用蔷薇花瓣煮果酱，土耳其人则用茉莉和紫罗兰制作甜食品；英国人爱食金盏花、雏菊、玫瑰花和红白紫色的天竺葵等；印度南部居民则爱吃花制蜜饯。

1989年，在日本还召开了一次亚洲食花文化国际讨论会。而今，“鲜花当美食”在日本更加流行起来。在美国，鲜花食物亦是大受欢迎，鲜花馅饼、花汁冰水、玫瑰花汤，都为大众争相品尝；各式各样的“花卉宴”层出不穷。现在，嚼蕊餐香的“花卉宴”又与健脑、减肥、美容、抗衰老结合起来。花卉，正在为大众做出新的贡献。

花最“懂”你的情感

花卉美丽、芳香而使人感到温馨，历来受到人们的喜爱。在喜爱之余，人们又进而用花来表示自己的情感或志趣。

花儿代表的意义

在我国，兰花被视为“花中君子”，是高尚气节的象征；梅花是“花魁”，具有“敢为天下先”的优秀品德；桃花艳丽，常用它象征美满爱情；牡丹为“花中之王”，所以与繁荣富贵联系起来；荷花“出淤泥而不染”，是廉洁清正的化身；桂花“幽香闻十里”，故代表友好、和平与吉祥如意；菊为“霜下杰”，它就成了高雅和充满生命活力的代名词；古人认为芍药表示友谊或爱情，因而在朋友分离或男女相爱时，互赠芍药花，其含义是：别忘了我。

花与艺术

大自然无数美丽的花朵同样激发了众多文人墨客的创作灵感。在中国文学中，早在《诗经》里就有了“桃之夭夭，灼灼其华”等描写花卉的诗句，再如陶渊明所作《饮酒》之“采菊东篱下，悠然见南山”，周敦颐所作《爱莲说》之“出淤泥而不染，濯清涟而不妖”等，中国古典文学中描写花的词句不胜枚举。此外，许多词牌名、曲牌名也与花有关，如《一剪梅》《木兰花》《醉花阴》等。

在中国画中，花鸟画是其中一个重要题材，梅、兰、竹、菊所组成的花中四君子也一直是中国画创作的传统题材。王冕的梅、恽寿平的荷等，均是其中的杰出代表。

古时候，用花环装饰建筑物的圆柱非常盛行，迄今还可以在许多古老的建筑物上看到。花环有吉祥如意的含义。德国诗人歌德说得好：“花是自然界赐给我们的，艺术把花编织成花冠。”当然，这“艺术”来源于信仰和习俗。

←五彩的花各有感情

欧洲人喜欢用花来表达自己的情感，把想说的话用“花语”来表达。例如，送上红蔷薇花表示“向你求爱”，要是回送红郁金香，那就是告诉求爱者：我接受你的爱情。此外，白菊表示真实，杏花表示怀疑，紫荆表示团结，白百合花表示纯洁，大丽花表示不坚实，豆蔻表示别离，紫罗兰表示“我将归来”等等，真是花样繁多。

美丽的花环

到印度、缅甸等南亚国家去访问的贵宾，总会受到当地人民的热情欢迎，其中的礼仪之一是：把蔷薇花环套在贵宾的颈上。据记载，花环是古希腊人发明的，起初用来装饰神像，后来祭司也戴起花环来。花环还用来奖给在战场上和运动场上的胜利者。此后相当长的时间里，人们也喜欢在节日和宴会上戴起花环。

奇妙的“花言花语”

日本有位植物学家把花的习性与女性的特征结合起来，认为梅花象征独立伟大的女性，菊花象征耐劳能干的主妇，桃花象征多情的女人，樱花象征娇艳的少妇，荷花象征圣洁的女修道士，玫瑰花则象征充满青春气息的少女……显然，这正是植物学家自己情感的流露。

花与人类的交际

对来访的国际友人，常会给他献上一束鲜花。花束，已成了许多国家送往迎来的一种重要礼节。不仅如此，在日常生活中，花束也是人们经常用来表示尊敬、友爱和谢意的礼品。体育场上、音乐厅里、演讲席边、亲人手中、病榻之旁……我们常常可以看到束束鲜花。

有记载说，花束最初出现在法国，时间是18世纪。在房间里的花瓶中和花篮里插花也是从这个时候开始的。不过采摘几朵美丽的鲜花送给他人，在各国、各民族几乎均是久远的习惯，是人们在生活中自然形成的“社交行为”，不是近代才开始的。

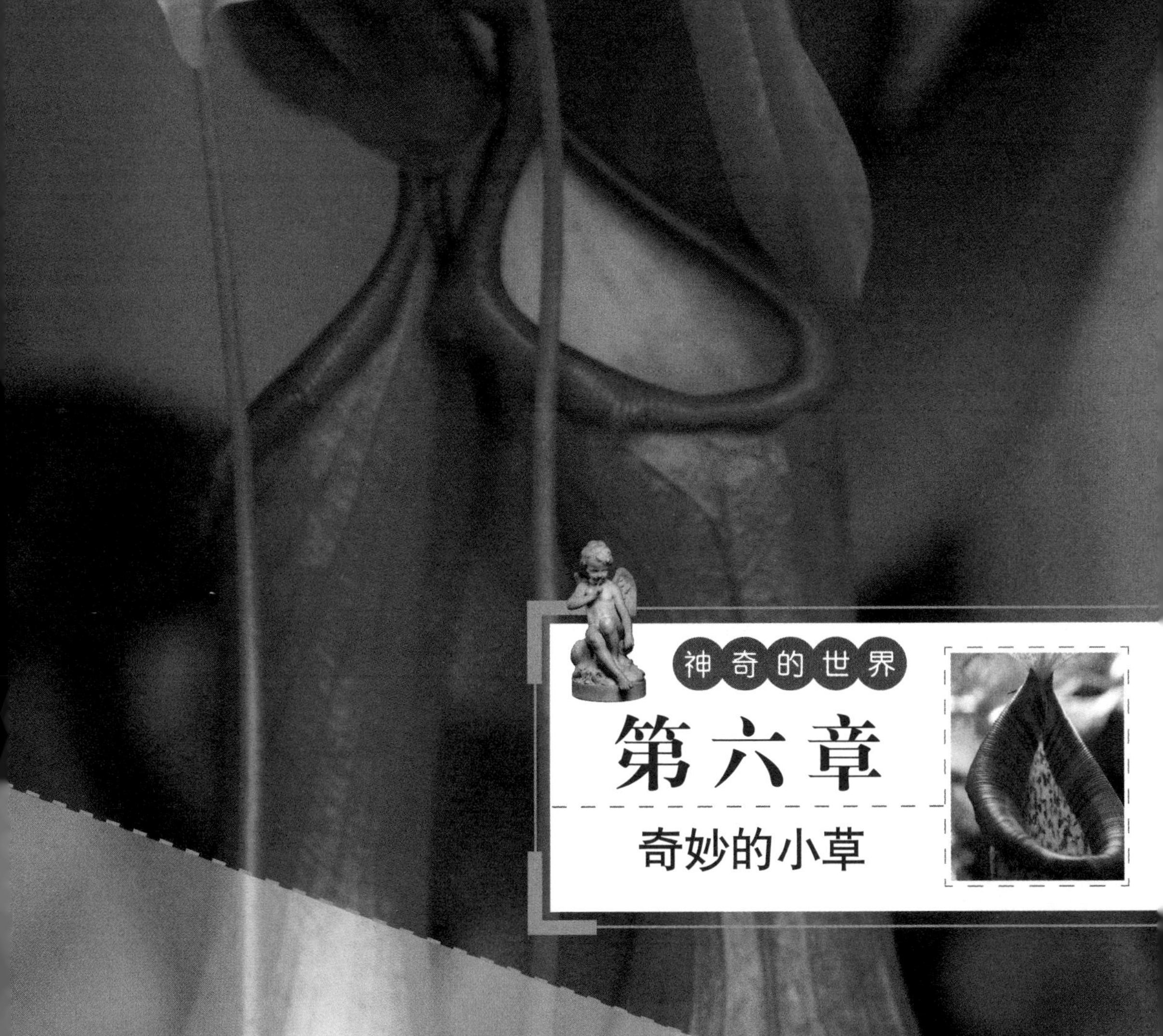

神奇的世界

第六章

奇妙的小草

小草，经常被赋予坚韧精神的内涵，因为环境再恶劣，它也能顽强生存。“野火烧不尽，春风吹又生。”顽强的生命让处于人生低谷的人们看到一丝希望，挣扎着奋起，重新找回人生的目标。

顽强的杂草

杂草不单指草本植物，还包括灌木、藤本及蕨类植物等。杂草危害农作物和经济作物。它们与作物争肥、争水、争阳光，有些杂草还是作物病虫害的寄主和越冬的场所。据调查，世界范围内的农田生产每年受杂草危害的面积达10%，仅美国每年由于杂草造成的谷物损失就达90～100亿美元。我国因遭受杂草的危害，每年损失粮食约200亿千克、棉花约500万担、油菜籽和花生约2亿千克。长期以来，杂草就是农业生产上的一大灾害。年年除杂草，岁岁杂草生。

繁殖力惊人的杂草

杂草有惊人的繁殖力。例如一株狗舌草能结籽20000粒，刺菜35000粒种子，龙葵178000粒，加拿大飞篷243000粒，日苋500000粒。我国东北地区水边滋生的孔雀草，茎秆只有10厘米高，却能结籽185000粒，种子重量竟占全株总重的70%。

杂草的种子

杂草的种子具有利用风、水流或人及动物的活动广泛传播自己的特性。同一株杂草结的种子，落在地上不一定都能迅速发芽，有的在春天发芽，有的在夏季萌发，甚至还有的隔很多年以后再发芽。这种萌发期的参差不齐是杂草对不良环境条件的一种适应。

顽强的生命力

杂草不仅产籽多，而且种子的寿命长，可连续在土壤中多年不失发芽能力。稗子在水中可存活5～10年，狗尾草可在土中休眠20年，马齿苋种子的寿命是100年。在阿根廷一个山洞里发现的3000年前的苏菜种子仍能发芽。而一般作物种子的寿命不过几年，要想找一株隔年自生自长的庄稼，那是很困难的。

杂草具有顽强的生命力。有些杂草耐旱、耐寒、耐盐碱；有些杂草能耐涝、耐贫瘠。严重的干旱能使大豆、棉花等许多作物干枯致死，而马唐、狗尾草等仍能开花结籽；热带地区的杂草仙人掌，在室内风干6年之后还能生根发芽；凶猛的洪水能把水稻淹死，而稗草以及莎草科的一些杂草却能安然无恙。多数杂草都有强大的根系、坚韧的茎秆。多年生杂草的地下茎，具有很强的营养繁殖能力和再生力，折断的地下茎节，几乎都能再生成新株。

拓展阅读

在生存竞争的过程中，杂草相比一般作物确实有许多有利的条件，因而田间的杂草是很难除净的。随着科学技术的发展，农业科技工作者和生产者正在研究各种杂草的生长发育规律，探索新的农田杂草防除方法。现在杂草及其防除日渐成为一门新的独立学科。

↓杂草往往耐干旱、耐盐碱

会“吃肉”的猪笼草和狸藻

我们通常认为在生物世界的食物链中，植物几乎总是处于最底层，是要被动物吃的。然而有少数植物却能吃掉动物，它们的行为有趣又令人惊奇。这些植物也被称做“食肉植物”。它们不仅可以捕食昆虫，甚至可以捕食一些体型较大的动物，如蛙类、小蜥蜴、小鸟等。

其实，我们目前所知的食肉植物约有500种。其中最为人们所熟知的是猪笼草，它那口袋状叶子，很像从前竹编的关猪用的笼子。

“玉净瓶”——猪笼草的甜蜜陷阱

在东南亚的热带森林里，一些灌木和乔木的枝干上,常常可以看到悬挂着一些形状奇特的瓶子。这些瓶子，有的像粗胖的大水罐；有的像细长的凉水瓶；有的像上粗下细的大漏斗。这些瓶子形状都是向上的，在其上方有一个如同遮阳伞的盖子。有人将这种瓶子戏称为“玉净瓶”。

看过西游记的人应该记得，“玉净瓶”是《西游记》中金角大王和银角大王的三件宝贝之一。它可以把人或妖装入其中，只需一时三刻就将其化为浓水。我们现在说的“玉净瓶”

↓猪笼草

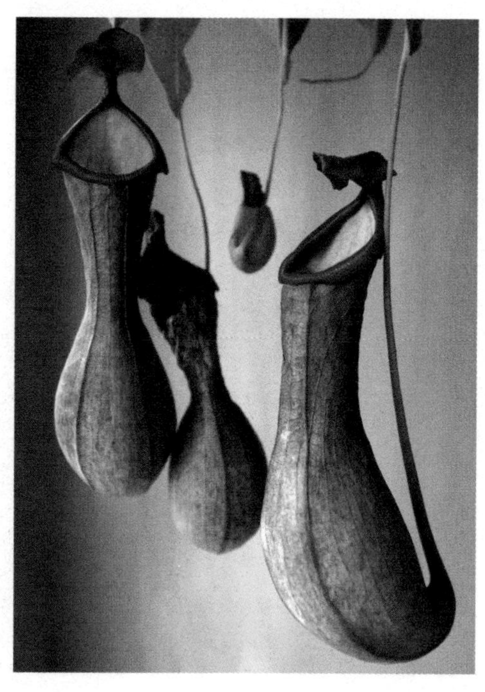

↑猪笼草有光滑的口沿

便有此“神功”，不过，它装的是小虫，而不是妖怪。

“玉净瓶”是食虫植物猪笼草的“专用捕虫袋”。当一些饥饿的小虫被美丽的“瓶子”吸引过来吮吸瓶口甜蜜的食物时，只要一个不小心就会跌入瓶内的“深潭”。这些可怜的小虫试图挣扎着爬出去，但猪笼草内翻的花片、倒刺般的硬毛和滑溜溜的内壁却让它们无计可施。最终，小虫力气耗尽，葬身在甜蜜的“陷阱”之中。

猪笼草是食虫植物中的一大类型，全世界共有70余种，主要生长在东南亚、我国南部、印度、斯里兰卡一带。猪笼草是食虫植物中最大型的种类。它们中的许多种，能攀缘灌木，爬到几十米高的大树上，利用大树的身体，布下捕虫的天罗地网。在没有树木可攀援时，猪笼草就把捕虫袋放在地面上，同样也可捕食到昆虫及其他小动物。

水中的杀手——狸藻

食虫植物不仅陆地上有，水中也有，在北京颐和园的池塘中，就生长着一种水中猎手——狸藻。狸藻一般生长在池塘的静水里，没有根，可以随水漂流。它的叶子像一团丝，茎上有许多扁圆形的小口袋。这个小口袋就是狸藻的捕虫袋，上面的小盖子是向里开的，盖子上长着绒毛，口袋里装着体内分泌出的消化液。

狸藻不仅在颐和园的池塘里能看到，在我国各省都能看到。它是属于狸藻科的一大类食虫植物，全世界约有250种，我国约有17种。一棵狸藻有上千个捕虫袋，而这些捕虫袋在水中为虫子们布下了天罗地网。当那些孑孓、水蚤、小虾被狸藻捕虫袋中的甜液香味所吸引，想去尝一尝时，就会不小心碰上捕虫袋上的绒毛。这时，捕虫袋会立即张开，小虫便会随水流进陷阱中。随后，捕虫袋上的小盖就会牢牢盖上，小虫无法逃脱，只能被口袋内壁分泌出的消化液化掉。

甜甜的茅膏菜

茅膏菜小档案
属性：食虫植物
分布：我国长白山、长江流域、珠江流域及西藏南部

茅膏菜，俗称捕虫草，为茅膏菜科茅膏菜属植物，多年生草本，也是一类著名的食虫植物，分布在热带至温带地区，有少数到了寒带。共有4属100多种，以茅膏菜属为最大，有100多种，我国有6种。

靠叶子来执行任务

茅膏菜捕虫时也是靠叶子来执行任务，但它的叶子不做变态状。以我国产的圆叶茅膏菜为例，它是多年生草本植物，高只有10～20厘米，叶子全是基生的，叶柄长，叶片圆形或扇状圆形，比较小，直径将近1厘米，每个叶片边缘有许多密生的腺毛，腺毛多达200多根，时常呈现出鲜艳的色彩，大多为红色。

如何抓捕猎物

茅膏菜的腺毛长短不同，长在叶子周边的较长，长在叶中间的较短，每根腺毛顶端有一小圆珠形的黏液体，能分泌黏液。腺毛极敏感，有物触及，便会向内和向下运动。每当有小昆虫落在叶面触动了腺毛，腺毛上的黏液就会黏住它们。当昆虫试图挣扎活动时，叶子上所有的腺毛受到感应，一齐向昆虫所在位置弯曲，将虫体紧紧包围在里面，再也走不脱。被困昆虫死后，有的腺毛可以消化吸收有用的营养物质，即氮类营养。因为茅膏菜的腺毛里面有运输组织与叶柄相通，可以迅速将分解昆虫后得到的养分运送到植物体内各部去。

如何让猎物自动上钩

当昆虫逐渐被腺毛分泌的蛋白质分解酶所消化后，腺毛会重新张开再次分泌黏液，诱捕新的猎物。故而人们常常可以在叶片上见到昆虫的躯壳。茅膏菜的腺毛为何可以吸引昆虫呢?原来那长得像露珠一样晶莹剔透的腺毛分泌出的黏液中带有一种香甜气味，可以吸引昆虫上钩。

茅膏菜能分辨出猎物真伪

科学家曾做过实验，把几只死去的蚂蚁放到茅膏菜的叶片上，过了很久，也不见叶上的腺毛有任何动静。这证明茅膏菜叶子对昆虫的反应不是因为对化学物质敏感形成的。科学家又取了一些小沙粒和其他小物体，放到叶片上并模仿蚂蚁被粘住时挣扎的抖动，叶子的腺毛开始活动了。但不久之后，腺毛却不再动了。这给人的感觉是腺毛似乎知道来的不是可食的昆虫。那么，它是怎么知道的呢?原来，在长期捕食过程中，茅膏菜能辨别出伪造的模拟震动在振幅和震动频率上与真正虫子的差别，因此它也就不会轻易被假虫子骗到了。

拓展阅读

瓶子草是一种相对体形较大的食虫植物，属瓶子草属。它的叶子成瓶状直立或侧卧，大多颜色鲜艳，有绚丽的斑点或网纹。瓶子草的叶子在地面丛生，开花时从地面抽出花茎，花茎顶生一朵花，花较大。瓶子草的“诱捕器”是由叶子变态而成的，多为瓶子状，还有呈管状和喇叭状的。其“诱捕器”中的消化酶由内壁细胞分泌而来。科学家研究发现，“诱捕器”中的液体是根系从土壤中吸收来的，即使在干旱之年，瓶底里也照样有液汁。在瓶底的液体中有细菌生存，这些细菌可以帮助瓶子草分解捕捉到的“猎物”。

知/识/链/接

茅膏菜科中还有一种叫露叶花的（属于露叶花属，此属仅此一种），也是草本植物，它的叶子细长，长达10厘米；叶子上的腺毛更密，有两种腺体，一种腺体有柄，能分泌黏液，另一种腺体无柄。这种腺体的特殊之处在于，只有当它触及含氮物质时，才会分泌出消化酶。当昆虫落在有柄腺体上被粘住时，虽然反复挣扎但脱不了身，最终死亡，并被无柄腺体所分泌的消化酶分解吸收。有柄腺体也能分泌消化酶。这种食虫植物分布在葡萄牙、西班牙和摩洛哥，当地居民用它们捕捉蚊、蝇等虫子。

会“害羞”的含羞草

含羞草小档案

产地：巴西

别名：感应草、喝呼草、知羞草、怕丑草

含羞草原产于南美洲的巴西，是一种十分有趣的观赏植物。只要用木棒碰它一下，成对的叶子就会合并起来，再碰它几下，不但叶子全部合并，而且叶柄也下垂，好像十分害羞的少女，因此人们称其为含羞草。

含羞草真的害羞吗

其实，含羞草并不是真的害羞。这只是植物的一种感震运动。只要在一段时间里不去触碰它，不一会儿，叶柄又会重新竖起，叶片重新张开。含羞草的复叶像鸟羽，叶柄和叶的交接处就像人的手脚关节处，因而会显得更大一些。这个地方的细胞内有一种液体，一被触及，此处液体就会流向其他地方，因而细胞会缩小，使叶子竖起来。而在叶柄着生的地方，正好相反，因而使叶柄垂下，像害羞一样。那么为什么一触动，液体就会流向其他地方呢？

原来，在含羞草的叶柄基部有一个膨大的器官，叫“叶枕”，叶枕内生有许多薄壁细胞，这种细胞对外界刺激很敏感。一旦叶子被触动，刺激就立即传到叶枕，这时薄壁细胞内的细胞液开始向细胞间隙流动而减少了细胞的膨胀能力，叶枕下部细胞间的压力降低，从而出现叶片闭合、叶柄下垂的现象。经过1～2分钟，细胞液又逐渐流回叶枕，于是叶片又恢复了原来的样子。含羞草的叶子之所以会出现上述现象，是一种生理现象，也是含羞草在系统发育过程中对外界环境长期适应的结果。含羞草原产于热带地区，那里多狂风暴雨，当暴风吹动叶片时，它立即把叶片闭合起来，保护叶片免受暴风雨的摧残，因而逐渐形成了这一生理现象。

三叶草的传说

三叶草又名车轴草，多年生草本植物。主要有两种类型：白花三叶草和红花三叶草。三叶草是优质豆科牧草，茎叶细软，叶量丰富，粗蛋白含量高，粗纤维含量低，既可放养牲畜，又可饲喂草食性鱼类。其中白花三叶草，因其植株低矮，适应性强，可作为城市绿化建植草坪的优良植物。

什么是三叶草

三叶草是多年生草本植物。分枝多，匍地生长，节间着地即生根，并萌生新芽。复叶有三片小叶片，小叶片呈倒卵状或倒心形，基部楔形，先端钝或微凹，边缘具细锯齿，叶面中心具“V”形的白晕；托叶椭圆形，抱茎。于夏秋开花，头形总状花序，球形，总花梗长，花白色，偶有淡红色。边开花，边结籽，种子成熟期不一，种子细小。

三叶草的优点

白花三叶草用于建植草坪的优点是无需修建，种子落地自生，并可以实现自然更新，使草坪经久不衰，侵占性强，观赏性较好。三叶草为阔叶植物，叶片水平伸展，能有效地覆盖地面，抑制杂草滋生。因此，白花三叶草坪一旦成坪，杂草不易侵入，可长时间保持草坪的整齐美观。

三叶草与幸福

传说中，如果谁找到了有四瓣叶片的三叶草，即四叶草（也称幸运草），谁就会得到幸福。所以在欧洲一些国家，在路边看到四叶草的人们，几乎都会把它收好，压平，以便来日赠送他人，以此来表达他们对友人的美好祝愿。

在爱尔兰，每年的3月17日的圣巴特里克节上，每个人都要戴上一个三叶草花球。据说，圣巴特里克曾以一片三叶草向崇尚自由的爱尔兰人讲解三位一体。但是现在的人们已经很难确定，当

↑三叶草

初圣巴特里克用作比喻的究竟是三叶草还是黄花的天蓝草了。不过，三叶草却是典型的为基督教所继承的一种象征。它很早就是凯尔特人三个祭司等级三级一体的象征。而三叶草那蓬勃的长势也使它成为生命力的象征。现今人们赋予了三叶草不同的意义，那就是——幸福。

有关三叶草的美丽传说

传说一：传说中的四叶草是夏娃从天国伊甸园带到大地上，花语是幸福。又名三叶草，通常只有三瓣叶子，找到四瓣叶的概率只有万分之一，隐含得到幸福及上天眷顾。

传说二：以前有一对恋人，他们很相爱，一起住在一片很美的桃林里。但是因为一件特别小的事，他们

证他们的爱情，爱神笑了…… 这是爱神开的一个玩笑，因为她并不想让幸福来得过于容易，只有彼此在乎、彼此珍惜的人才配拥有幸福。

传说三：亦有说幸运草之名是源自拿破仑。据传，一次拿破仑正带兵行过草原，发现一株四叶草，甚觉奇特，俯身摘下时，刚好避过向他射来的子弹，逃过一劫，从此他便称四叶草为幸运草。辗转流传，四叶草已经被国际公认为幸运的象征。它的四片叶子分别代表着爱情、健康、名誉及财富，拥有它将会拥有好运。

传说四：三叶草是爱尔兰最知名的国家象征。爱尔兰民间传说，四叶的三叶草能带来好运。在传统的爱尔兰婚礼上，新娘的花束和新郎的胸花，都必须包含幸运草。幸运草被认为是婚礼上必不可少的“第三个人”。

闹别扭了，彼此不肯让步。终于有一天，爱神看不下去了，她飘到他们住的那片桃林，悄悄撒了一个谎，告诉他们各方会有难，只有在桃林的最深处找到那片四叶草才可以挽救他们，他们听后装作十分无所谓，可是心里却在为对方担忧着。那晚下暴雨，可是他们仍偷偷为对方到桃林最深处寻找四叶草，当他们知道对方都很在乎自己时，都很感动，决定让四叶草见

拓展阅读

三叶草的每片叶子都有着不同的意义，当中包含了人生梦寐以求的四样东西：爱情、名誉、财富、健康，倘若能拥有一棵四叶草，就多了一份幸运。

每年三月在纽约举行的圣比德日，人们都会穿上绿色衣物，带上吉祥物——四叶的三叶草饰物来游行。在日本，不少商铺用四叶草做店名，又或以它作为漫画书的背景。甚至连台湾的名作家琼瑶都曾出过一本叫《幸运草》的小说。由此可见，关于幸运草的故事已广为流传，而且有着悠久的历史渊源。

其他“身怀绝技”的小草

小草没有鲜花的美丽，也没有树木的高大与挺拔，但它们却有着顽强的生命力。有些小草还身怀绝技呢，不信你就来看看下面的文字。

彩色草

人们常见的草是绿色的，可美国洛杉矶植物学院的研究人员却培养出了紫色的、浅蓝色的、黄色的和不同颜色相间的小草。最美丽的是一种绿色的草，它的上端呈鲜红色，很像花朵。

伏兽草

在埃塞俄比亚北部的山上，生长着一种叫“伏兽草”的山藤，它的茎上生有芒刺，芒刺下有刺穴，能分泌一种黄色的浆汁，若粘到动物身上，能使其皮肉溃烂。

测醉草

巴西亚马孙河流域生长着一种奇特的“含羞草”，凡是饮酒过多的人走近它，浓烈的酒味就会使它枝垂叶卷。因此，当地常用这种草测试那些饮酒后开车的人。

瘦身草

在印度有一种不可思议的野生草，肥胖的人服用后会逐渐消瘦下来，故名“瘦身草”。印度传统医学用该草治疗肥胖症已有2000年的历史。日本东邦大学医学部名誉教授幡井勉先生对该草的药效做了研究，认为“瘦身草”能使人体摄入的一半糖分不被吸收，从而降低新陈代谢的速度，达到减肥的目的。如今，“瘦身草”已成为风靡日本的一种健美药品。许多人服用后，体重明显下降，有人服用该药，两个月体重减轻7.6千克，减肥效果十分显著。

石头草

在美洲沙漠中有一种草，样子就像沙漠中的小圆石，当地人叫它“石头草”。剥开这种草来看，圆石部分原来是两片对合的叶子。因为长在沙漠中，所以叶子里储有水分，显得圆鼓鼓的。这种草杂生在真正的石头中间，使人分不清是石头还是草。

美洲沙漠中有不少食草兽类，这种草就利用它的伪装本领逃避了被吞食的灾难。有趣的是，从“石头草”两片叶子中间的小孔中，还能开出朵朵美丽的小花呢。

测温草

在瑞典南部有一种名叫“三色鬼”的草，人们把它当做天然的“寒暑表”。因为这种草对大气温度的变化反应极为灵敏。温度在20℃以上时，它的枝叶都斜向上方伸出；当温度降至10℃时，枝叶向下弯曲，如果温度回升，则枝叶就恢复原状；温度若降至5℃时，枝叶向下运动，直到和地面平行为止。

发光草

在哥伦比亚西南部的森林里有一块能发光的草地。这块草地上生长出的草，细短而匀称，叶瓣碧绿略带黄色，草柔软如绸，而且长得浓密。远远望去，仿佛地上铺了一块平整翠绿的地毯。一到晚上，这块草地就一片光明，宛如被月亮照亮的大地一样。那么，这些光是从哪里来的呢？“放光的草地”在还没有被科学地解释之前，人们都认为这是“神光”，是神放出来的，这就使草地蒙上了一层神秘的色彩。

后来，经过科学家研究发现，原来光是从草瓣上闪耀出来的。由于这种草能够制造一种叫“绿莹素”的荧光素，所以它的草瓣能发出光来。即使将这种草割下来晒干，在黑暗中它也能闪光很长一段时间才渐渐“熄灭”。

长生不死草

在我国广东四大名山之一的粤北丹霞山上，有一种神奇而美丽的小草——卷柏。这种小草生在岩缝、石头上，高十八厘米，扁平四散的枝叶簇生在黑色小茎的顶端，每一分叶排列着四列细小的鳞片叶，酷似扁柏。有趣的是，每逢干旱，它枝叶收缩，卷如拳状，由绿转黄，如同死去；但当见得雨露时，它又还魂般苏醒过来，青绿如初，因此有“九死还生草”“长生不死草”等美称。

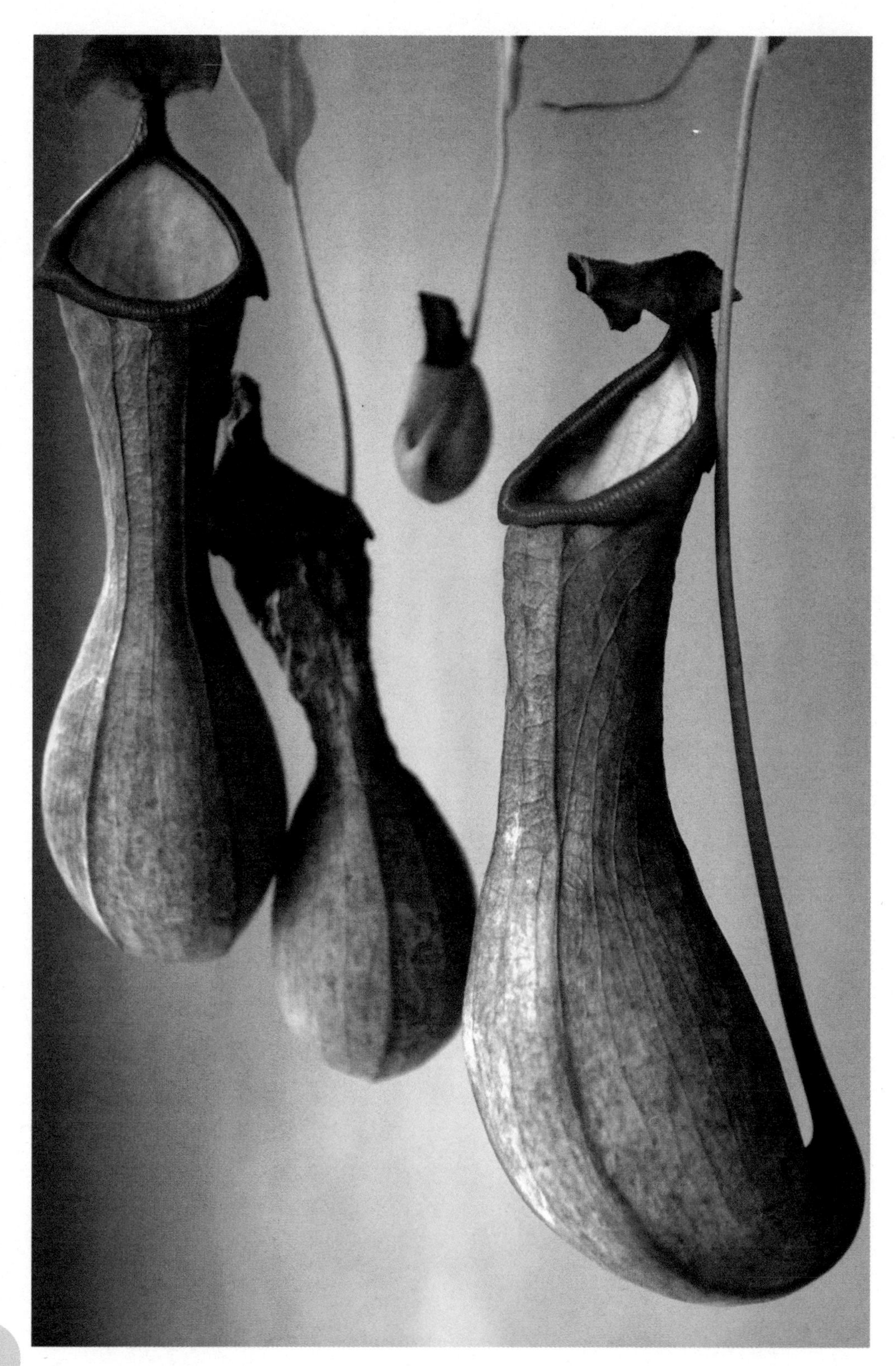

神奇的世界

第七章

植物与我们的生活

很久以前，人们就懂得利用植物及其各部分来完善自己的生活。植物的果实可以食用，漂亮的花可以用来观赏，还有的植物具有治病的功效，能为人们祛除病痛。虽然人们研究植物很多年了，但仍不能完全了解它们、熟悉它们。要想让植物为我们人类更好地服务，就需要我们不断努力，来研究、发掘它们，让植物发挥最大的作用。

竹是居所必植

竹是禾本科多年生木质化植物。竹枝杆挺拔修长，亭亭玉立，袅娜多姿，四时青翠，凌霜傲雨，备受我国人民喜爱，是“梅兰竹菊”四君子之一。我国古今文人骚客，嗜竹咏竹者众多。据传，大画家郑板桥无竹不居，留下了大量竹画和咏竹诗。大文学家苏东坡则留下了“宁可食无肉，不可居无竹”这样的名言。

相当受欢迎的竹

竹子生长快，适应性强，同时又具有广泛的用途。竹子与人民生活息息相关，对其的利用涉及衣、食、住、行、用各方面。竹子用于建筑的历史也非常久远，在远古时代，人类从巢居和穴居向地面房居演进的过程中，竹子就发挥了重要的作用。江苏吴县新石器时代晚期的草鞋山遗址发现有竹作的建筑材料。汉代的甘泉竹宫、宋代的黄冈竹楼，皆是取竹建造且负有盛名。

竹与服饰

从服饰方面看，竹对中国人的衣饰起源和发展起着重要作用：秦汉时期就出现用竹制布、取竹制冠，用竹做防雨用品的竹鞋、竹斗笠、竹伞，一直沿用至今。竹布在唐代曾是岭南地区一些州县的重要贡品之一，竹还是古代人装饰的材料，这都说明竹对人类的服饰文化有着杰出的贡献。

竹与食用

从食用方面看，竹笋是极受人们喜爱的美味山珍。先秦文献中记载，3000多年前竹笋就是席上珍馔。竹笋的食用方法多种多样，可烹饪数千种美味佳食。竹还具有特别的医用价值，在中国最早的医书典籍中，就有用竹治病的历史记载。竹的全身都是宝，叶、实、根及茎秆加工制成的竹茹、竹沥，都是疗疾效果显著的药用材料。

竹与交通

交通工具和设施的产生与发展，是中国文明的标志之一，竹在交通方面也发挥了重要作用。古代交通运行工具和设施的起源与发展，均与竹子有着极密切的关系。古代人取竹制造竹车、竹筏和船以及桥梁，创造了世界交通史上许多第一例，竹对世界交通工具和设施的发展，做出了较大的贡献。

竹——防御的屏障

从人类的生活环境看，竹子也发挥了其特殊的作用。古代先民很早就发现并注重发挥竹子防护城池和民宅安全的屏障作用，历代都有取竹子做围篱墙垣，防御盗寇，保护城池和居宅安全的传统。竹林因具有调节气候、涵养水源、保持水土、减弱噪声、净化空气、防止风害的作用，备受人们的青睐，古今人们都喜欢用竹子保护和美化人类的生活环境。

竹的伟大贡献

考古资料证明，旧石器时代晚期和新石器时代早期，古代先民们就已开始用竹子制造竹器。属于仰韶文化的西安半坡遗址发掘的陶器底部有竹编织物的印痕；南方良渚文化遗址发掘了大量的竹器纹饰的印纹陶器；浙江吴兴钱山漾遗址发掘有200余件的竹器实物。随着社会和文化的不断发展和进步，竹器的种类也日益增多。到春秋战国时代，竹器制作已成为当时社会的一个重要生产部门——竹器手工业，竹器制品已在当时广大民众生活中，成为“养生送死”不可缺少的物品。汉代有竹器生活物品60余种，晋代有100多种，唐宋时近200种，到明清时期达250余种。

由上可见，竹子在中国人的日常生活领域中做出了极为重要的贡献，展示了竹文明的风采。因此，竹与人类生活的关系，正如苏东坡所述：“食者竹笋，庇者竹瓦，载者竹筏，炊者竹薪，衣者竹皮，书者竹纸，履者竹鞋，真可谓一日不可无此君也。”

↓竹子

大豆是油源之首

大豆起源于中国，古称菽，是一种种子含有丰富蛋白质的豆科植物。大豆呈椭圆形、球形，颜色有黄色、淡绿色、黑色等，故又有黄豆、青豆、黑豆之称。大豆最常用来做各种豆制品、压豆油、炼酱油和提炼蛋白质。豆渣或磨成粗粉的大豆也常用作禽畜饲料。

大豆的历史起源

大豆在中国栽培并用作食物及药物已有5000年历史，并于1804年被引入美国。20世纪中叶，在美国南部及中西部成为重要作物。大豆是豆科植物中最富有营养而又易于消化的食物，是蛋白质最丰富最廉价的来源。今天，大豆也是世界上许多地方人和动物的主要食物。

在中国、日本和朝鲜，不同软硬程度的豆腐已经吃了几千年了。大豆加工之后，也可以成为酱油或腐乳。欧美现在也开始吃豆腐，有的甚至用来代替奶制品。

世界食用油脂的来源

大豆属一年生草本植物。我国是大豆的原产地，东北地区栽培大豆最多。除我国外，美国、日本、朝鲜等国也盛产大豆。大豆是优质植物蛋白源和油源。我国人民擅长大豆深加工，著名的大豆食品有：豆腐、豆腐干、豆浆、豆奶、豆筋、豆豉、豆油等。榨油后的豆饼是医药工业和饲料工业的重要原料。

大豆、向日葵、花生、棉籽、油菜籽是世界食用油脂的最大来源，占世界食用油脂总量的50%左右，其中又以大豆油居首位。大豆油脂肪质量很高，主要成分是有益于人体健康的不饱和脂肪酸，如亚油酸、亚麻酸等，还富含人体必需的脂溶性维生素E、维生素A、维生素D，不含易引发心血管疾病的胆固醇。

水稻是五谷之首

农作物的出现使原始居民从渔猎采集的生活方式转为刀耕火种的原始农业社会，其特征就是，不断迁徙，逐水草而居的部落渐渐定居，并有意识地人工种植和培养农作物。部落的粮食产量提高也使得人口增加，加快了氏族的出现，并且使早期先民从渔猎文明走到了早期的农耕文明。

水稻的历史渊源

粟是仰韶先民最早栽培并取得成功的粮食作物之一。在河姆渡遗址发现的距今约7000年的成堆稻谷、谷壳、稻叶、稻秆等，就是很好的证明。我国还是世界上最早种植水稻的国家，到了父系氏族时期，水稻已经在南方普遍种植。水稻和粟的出现改变了原始居民茹毛饮血的生活状态，物质生活水平有所提高，为其生存提供了保障。

袁隆平与水稻

中国在种植水稻上还有一个世界第一，那便是杂交水稻。中国的水稻专家袁隆平被公认为是世界杂交水稻之父。他种的杂交水稻亩产可达800千克，中国和全世界每年因种植袁隆平的杂交水稻而增产的粮食可多养活几千万人。袁隆平因此两次获得国家特等奖和联合国金质奖章。

1964年夏季，黔阳农校农场里的水稻扬花了。袁隆平为了找到培育杂交水稻关键的“雄性不育水稻”，头戴草帽，手拿放大镜，在一朵朵稻花中寻找。一千朵、一万朵、十万朵……也不知观察了多少万朵花，终于在第十四天，发现了一株雄性不育的水稻。他小心翼翼地将这株水稻移栽到花盆里，用别的品种的稻花与它杂交，使它留下种子。经过一代、两代，他有了杂交试验必需的雄性不育水稻种子。

中国在水稻种植上的成绩

中国在种植水稻上有两个世界第一：一是栽培历史最久，在六七千年前便开始生产稻谷，比泰国早1000多年；二是总产量居世界第一。亚洲是种植水稻的主要地区，占全世界栽培面积的90%以上。印度的栽培面积占全世界第一位，中国占全世界栽培面积第二位。但由于印度水稻单产只及中国的二分之一，因此，水稻总产量中国居世界第一位。

拓展阅读

袁隆平发现了自然雄性不育系以后，我国才开始杂交水稻研究。袁隆平是我国杂交水稻研究的开创者。经过袁隆平及许多无名英雄的默默奉献，中国才有了享誉世界的水稻品牌，为人类的生存和发展做出了极大贡献。

↓杂交水稻

小麦是面食之源

小麦是小麦属植物的统称，是起源于中东地区并在世界各地广泛种植的禾本科植物。生产小麦最多的国家有美国、加拿大和阿根廷等。小麦用处还不少呢，未成熟小麦可入药治盗汗，小麦皮则可治疗脚气病。

小麦与我们的日常生活

小麦是世界上总产量第二的粮食作物，仅次于玉米，而稻米则排名第三。小麦是人类的主食之一，磨成面粉后可制作面包、馒头等食物；发酵后可制成啤酒、酒精、伏特加。小麦富含淀粉、蛋白质、脂肪、矿物质、钙、铁、硫胺素、核黄素、烟酸及维生素A等。

中国出土的小麦

中国出土的小麦，最早的在4000多年前，也就是夏朝末期和商朝的早期，但种植不是很普遍。小麦普及是汉代以后的事情了，战国时期发明的石转盘在汉代得到了推广，使小麦得以磨成面粉。小麦主要在北方种植，在南方种植发展还是得益于南宋时期北方人的大量南迁，以及南方对小麦需求的大量增加。到明代，小麦种植已经遍布全国，但分布很不平衡，《天工开物》记载，北方“齐、鲁、燕、秦、晋，民食小麦居半，而南方闽、浙、吴、楚之地种小麦者二十分之一”。

↓面包的主要原料是小麦

↑小麦穗

人类最早栽培的粮食作物

小麦是世界种植面积最大的粮食作物。用小麦制成的面粉能烘烤成香喷喷的面包，受到全人类的喜爱，世界人口中有三分之一以它为主食。禾本科小麦属一年生或越冬生植物，原产于土耳其、伊朗。10000年前，人类便开始食用野生小麦。在古埃及的石刻中，就有栽培小麦的记载。考古学家还在古埃及金字塔的砖缝里发现了小麦。

拓展阅读

小麦原产地在西亚，中国最早发现的小麦遗址在新疆的孔雀河流域，也就是我们说的楼兰。在楼兰的小河墓地发现了4000年前的炭化小麦。

世界第一次绿色革命

小麦栽培技术在20世纪中叶曾发生一次重大变化。以前,人们总以为农作物长得高大才是优良品种。后来，科学家们发现，高秆作物把许多有用的物质耗费在秸秆上，很不合算。于是，墨西哥矮秆小麦诞生了。墨西哥矮秆小麦使全世界的粮食产量猛增，被誉为世界的“第一次绿色革命”。

高粱是酿酒之王

高粱是禾本科一年生植物，在我国已有5000多年的栽培历史。中国的东北高粱闻名世界，有“亚洲红米”之称。高粱的果实除可食以外，最著名的用途便是造酒了。高粱酒又醇又香，是粮食酒中的佼佼者。有一种高粱的茎秆含甜汁，可以食用，是一种糖用高粱。

植物界的“骆驼”

高粱是一种生命力十分顽强的作物，它既耐旱又抗涝，被誉为植物界的“骆驼”。它的耐旱本领是由其生理构造决定的：一方面，它有极发达的根系，在土壤中分布广，扎根深；另一方面，它的根细胞的吸水本领又很强，能够在干旱缺水的土壤中吸收到水分。

“双面”生存高手

高粱不仅在水的“开源”方面身手不凡，而且在水的“节流”方面也功夫独到。高粱叶面狭小，叶面光滑有蜡质覆盖，气孔又少，水分很难跑掉。而且，高粱在干旱季节能暂时转入休眠状态，停止生长。由于高粱在用水方面注意“开源节流”，自然便具有了很强的抗旱能力。

高粱不仅具有抗旱力，还具有抗涝力。这也是由它的生理构造决定的。涝灾容易引起根部缺氧，而高粱根细胞有一定的抗缺氧能力，且高粱的茎杆高，比较坚硬，水分不易进入，这就使它具有了抗涝能力。

↓高粱

为人们提供“甜味”的糖枫树

糖枫树林遍布加拿大。每年深秋季节，金风萧瑟，红艳艳的枫树叶，灿如朝霞，色泽娇艳，十分瑰丽，仿佛春天怒放的红花。加拿大人对枫叶有深厚的感情，把枫树视为国树，因此加拿大有“枫树之国”的美誉。

会流出糖液的枫树

糖枫树是世界上现有140多种枫树中著名的一种。糖枫树是一种落叶乔木，树形高大，有的高达40多米，径粗40～100厘米。叶互生，有锯齿，呈掌状。

糖枫的树干中，含有大量的淀粉。到了寒冷的冬季就变成蔗糖。第二年春天以后，气温增高，蔗糖又会变成香甜的能够流动的树液。这时候，人们在树上钻些孔洞，糖液就会从孔洞中流出来。

“铁杆甘蔗”

糖枫的树液中含糖量达3%～5%，有的可达10%。一株树龄15年的糖枫，一年可产纯糖2.5千克左右，折合每亩产糖25千克，并可连续产糖50年以上。由于一年种植、多年受益、产量稳定，因而它被誉为“铁杆甘蔗”。用这种树汁熬制成的糖，叫做“枫糖”。

热闹的“枫糖节”

加拿大是世界上生产枫糖最多的国家，年产量约32000吨，除自食外，还大量出口。

每年3月底至4月初的枫糖节是加拿大传统的民间节日。每年3月春意盎然时，生产枫糖的农场被粉饰一新，披上节日的盛装，大家在一起品尝大自然馈赠的甜蜜礼品。传统的枫糖节向来对国内外的游人开放，尤其欢迎小朋友们。一些农场还专门保留着旧时印第安人采集枫树液和制作枫糖的器具，在节日里沿用古老的制作方法，为观光客表演制枫糖的工艺过程，有的还在周末向旅游者免费供应枫糖糕和“太妃糖”，任人品尝。节日里当地居民还热情地为游客们表演各种民间歌舞，带领观光客去欣赏繁茂美丽的枫林红叶。

热闹喜庆的“枫糖节”会一直持续到6月底才宣告结束。

拓展阅读

枫糖中含蔗糖约85%，其余为果糖、葡萄糖以及一些特殊的异香物质，别具风味。它的营养价值可同蜜糖媲美，具有润肺开胃的功效，是制作糕点、软糖和硬糖等的原料。枫糖不仅甜度适宜，且清香可口。加拿大10多个枫树品种中，最著名的是糖枫和黑枫，都是熬煎糖浆的上等原料。

↓美丽的糖枫树叶

光合作用
——让世界生意盎然

17世纪，有位名叫梵·海尔蒙脱的生物学家做了一个实验：将一株重约3千克的小柳树栽在一个大的木箱里，土壤的重量事先是称过的。以后就只浇水不施肥。可5年后，小柳树体重已增长到75千克，而土壤的重量几乎没有损失，仅仅少了100克。

吃“二氧化碳”的柳树

柳树的重量是怎样增加的呢?最初人们以为来自水。但是经过长期的研究发现，柳树增加的物质主要是碳元素，水则是由氢元素和氧元素化合而成的；碳元素不可能从水里来，它只能来自空气，因为空气中有大量的二氧化碳——人和动物呼出的气体就是二氧化碳。原来是柳树“吃”了二氧化碳才使自己不断生长的。

是叶片也是“嘴巴”

随便摘下一片植物叶，把叶子的表皮撕下来，放在显微镜下，你会看到叶子的表皮上有无数小孔，这叫“气孔”。二氧化碳就是被这些气孔“吃”掉的。每一平方毫米的植物叶子上约有100个气孔，一片白菜叶上约有气孔1000万个，真是惊人。现在人们已经知道，二氧化碳是植物制造养料的主要原料。植物叶片有如此之多的气孔，主要原料自然不欠缺了。这样，再有水以及氮、磷、钾等元素，植物就能为自己制造所需养料，更能为我们生产粮食、水果等。

植物的光合作用

据计算，整个世界的绿色植物每天可生产约4亿吨的蛋白质、碳水化合物和脂肪，与此同时，还能向空气中释放出约近5亿吨的氧。植物的叶子绝大多数是绿色的，因为它含有叶绿素。叶绿素只有利用太阳光的能量，才能合成种种物质，这个过程就叫光

合作用。“光合作用”一词源于希腊，是把“光”和“水”放在一起的意思。光合作用就是在阳光下，把二氧化碳和水合起来。

只有含有叶绿素的植物才能进行光合作用。餐桌上常能见到的蘑菇，由于本身没有叶绿素，就不能自己制造养料，所以它只能过“寄生虫”般的生活。

知/识/链/接

尽管人类发现光合作用已一个多世纪了，并且有关光合作用的原理已大体知晓了，但光合作用依旧是个极其复杂的过程，科学家们对许多关键步骤尚未完全破解。因而，“植物怎样利用阳光”迄今仍被列为尚待解决的科学难题之一。

拓展阅读

当前，随着石油、煤炭这些传统化石燃料的日益短缺，世界各地的科学家都在绞尽脑汁开发可以替代传统燃料的新能源。叶绿体就像生命世界的发动机，因此他们不约而同地将目光投向了太阳，因为这个巨大的能源仓库每秒钟都会为地球送来17万亿千瓦的能源，相当于当今全球一年能源总消耗量的3.5万倍。

←叶子上的气孔有“变废为宝”的本领

绿叶与我们的健康

当你漫步在绿树成荫的大道，当你走进景色秀丽的公园，当你闻着树木花草散发出来的特殊气息时，你一定会感到心旷神怡，精神一振。这里的秘密就在于，林木花草的特殊气息，是种良好的“兴奋剂”，能起到提神醒脑、消除疲劳的作用。经常置身于树丛花海中，可使学习和工作后的紧张神经很快得到松弛。

我们的眼睛喜欢绿色

草木的绿色之所以使人悦目，是由于绿色的光波长短适中，眼睛“喜欢”这种光波。经常观赏绿色植物，有利于你眸明睛亮。

绿叶——让世界更安静

植物的叶面有的很粗糙，有的多折皱，有的长茸毛，有的还分泌油脂或黏液。它们都能滞留或吸附空气中的大量粉尘，从而使空气得到净化。谁都知道，洁净的空气对健康有益。树叶表面的气孔和茸毛，还可以吸收声音。有人用1.5千克炸药进行过爆炸试验，结果发现，声波在无林木地带传播了4000米，而在森林中只传播了400米。通常，街上的噪声要比林荫道上的声音高2～3倍。

“天然氧气制造厂”

叶子在炎夏不断散发水分，就好像是只不断地向空中喷水的微型喷水壶。难怪我们徜徉在绿荫之下，会感到清凉舒适呢。“大树底下好乘凉”，说的就是这个道理。更重要的是，绿叶还一直给我们提供极为重要的“生命之精”——氧气。

没有氧气就不能生存

人可以几天不吃不喝，却无法一时不进行呼吸。而呼吸就是吸进氧气，呼出二氧化碳。世界人口多达几十亿，加上难从计数的各种各样的动物，每天要消耗多少氧气和排出多少二氧化碳呢？如果空气中的二氧化碳不断增加，氧的含量不断减少，到了一定程度，那人和动物不就要因缺氧而死亡吗？

这个在今天看来是“杞人忧天”的命题，在科学界曾被认真地看待，并且为此而争论了近200年呢。直到20世纪，英国的一位物理学家还悲观地说：“随着工业的发达和人口的增加，地球的氧气将被用光，人类那时就会灭亡!”在“光合作用”被科学家发现以后，植物生理学家不得不撰文论述，并郑重地宣布：“植物的绿叶可以保证人类长存不息!”

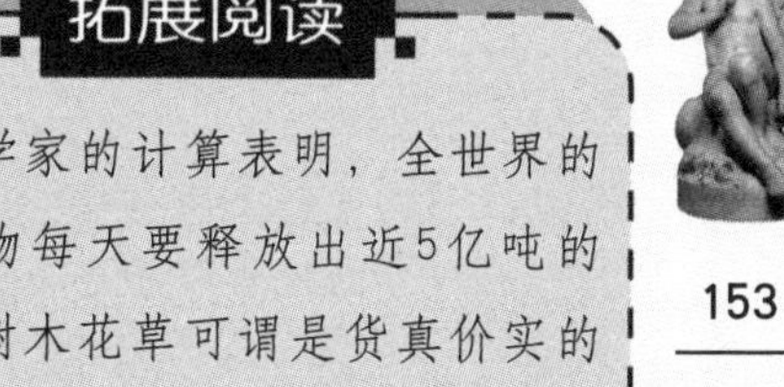
拓展阅读

科学家的计算表明，全世界的绿色植物每天要释放出近5亿吨的氧气，树木花草可谓是货真价实的“天然氧气制造厂”。绿叶与我们的健康的确关系很大，既如此，我们理应搞好绿化，改善环境，让自己生活在绿色的海洋之中！

↓人类的生活离不开植物

【神奇的世界】

◎ 策划制作 滕书堂文化
◎ 组稿编辑 张 树
◎ 责任编辑 王 珺
◎ 封面设计 刘 俊
◎ 图片提供 全景视觉
上海微图
图为媒